国家职业技能鉴定
考前冲刺与真题详解

焊工

（高级）

主 编　王有良

编 者　张海军　王文华

U0319280

中国劳动社会保障出版社

图书在版编目(CIP)数据

焊工：高级/人力资源和社会保障部教材办公室组织编写. —北京：中国劳动社会
保障出版社，2015
（国家职业技能鉴定考前冲刺与真题详解）
ISBN 978-7-5167-2160-5

Ⅰ.①焊…　Ⅱ.①人…　Ⅲ.①焊接-职业技能-鉴定-题解　Ⅳ.①TG4-44

中国版本图书馆 CIP 数据核字(2015)第 261338 号

中国劳动社会保障出版社出版发行

（北京市惠新东街 1 号　邮政编码：100029）

*

北京北苑印刷有限责任公司印刷装订　　新华书店经销

787 毫米×1092 毫米　16 开本　12 印张　234 千字
2015 年 11 月第 1 版　　2015 年 11 月第 1 次印刷

定价：25.00 元

读者服务部电话：(010) 64929211/64921644/84643933
发行部电话：(010) 64961894
出版社网址：http://www.class.com.cn

编写说明

对劳动者实行职业技能鉴定，推行国家职业资格证书制度，是促进劳动力市场建设、实现素质就业的有效措施，对于全面提高劳动者素质和职工队伍创新能力具有重要作用。国家职业技能鉴定是一项科学、客观检验劳动者专业知识与技能水平的考试活动，其方式包括理论知识考试和操作技能考核。为了使参加职业技能鉴定的广大考生对国家职业技能鉴定内容和鉴定方式有一个全面的了解，更好地复习思考，顺利通过考试，人力资源和社会保障部教材办公室组织参与国家题库开发工作的命题专家，编写了《国家职业技能鉴定考前冲刺与真题详解》和《国家职业技能鉴定操作技能考核题库解析》。其中《国家职业技能鉴定考前冲刺与真题详解》主要是理论知识考试的真题与解析；《国家职业技能鉴定操作技能考核题库解析》主要是操作技能考核的真题与解析。

《国家职业技能鉴定考前冲刺与真题详解》（以下简称《考前冲刺与真题详解》）是《国家职业资格培训教程》（以下简称《教程》）的配套辅助教材，初级、中级、高级《教程》分别对应配套编写一册《考前冲刺与真题详解》。《考前冲刺与真题详解》中的内容共包括以下四部分：

第一部分，理论知识考试试卷构成及题型介绍。此部分包括：理论知识考试试卷生成方式、理论知识考试题型介绍、理论知识考试答题要求、理论知识考试答题时间和理论知识考试命题思路。主要对考试的整体情况进行较为全面的介绍，从而便于考生更有针对性地进行学习和考试的复习。

第二部分，理论知识考试真题详解。此部分主要包括各级别的理论知识鉴定要素细目表和理论知识考试真题及其解析。其中鉴定要素细目表为国家题库中对该职业相应级别考核要点的介绍。理论知识考试真题中，将对出现的每道题目进行详细解析，并指出该考点在考核要点中的相应位置。

第三部分，理论知识考试考前冲刺。此部分为模拟试卷，每套试卷均按考核要点表中分值分布进行组卷，除重点考题外，还加入了题库开发专家认为较为重要的新题目，对后期鉴定有着较强的指导作用。

第四部分，理论知识速记卡片。此部分主要用于考试前对于知识点的快速记忆，以保证在考试过程中对相应知识点有更加深刻的印象，提高考试成绩。

《考前冲刺与真题详解》适用于组织开展社会化鉴定、职业院校鉴定、行业鉴定以及企业技能人才评价考前培训使用，也适用于准备参加鉴定考试的人员学习参考。

本书在编写过程中得到北京市第五十一鉴定所等单位的大力支持与协助，在此一并表示衷心感谢。

编写《考前冲刺与真题详解》有相当的难度，是一项探索性工作。书中不足之处在所难免，欢迎各使用单位和个人提出宝贵意见和建议。

目录

第一部分 理论知识考试试卷构成及题型介绍

第二部分 理论知识考试真题详解

第三部分 理论知识考试考前冲刺

第一部分

理论知识考试试卷构成及题型介绍

理论知识考试试卷生成方式

理论知识考试题型介绍

理论知识考试答题要求

理论知识考试答题时间

高级焊工理论知识标准比重及鉴定要素细目表

理论知识考试试卷生成方式

理论知识考试试卷由国家题库采用计算机自动生成，即计算机按照本职业的理论知识鉴定要素细目表的结构特征，使用统一的组卷模式，从题库中随机抽取相应试题，组成试卷。

理论知识考试题型介绍

目前，焊工初级、中级、高级职业技能鉴定考试的理论知识考试采用标准化试卷，每个级别考试试卷有"选择题"和"判断题"两大类题型。

1. 焊工中级、高级选择题为"四选一"单选题型，即每道题有四个选项，其中只有一个选项为正确选项。选择题共 80 题，每题 1 分，共 80 分。

2. 判断题为正误判断题，共 20 题，每题 1 分，共 20 分。

3. 试卷总分为 100 分。

理论知识考试答题要求

1. 采用试卷答题时，作答判断题，应根据对试题的分析判断，在括号中画"√"或"×"；作答选择题，应按要求在试题括号中填写正确选项的字母。

2. 采用答题卡答题时，按要求直接在答题卡上选择相应的答案处涂色即可。

3. 采用计算机考试时，按要求点击选择的答案即可。

具体答题要求，在考试前考评人员会做详细说明。

理论知识考试答题时间

按《国家职业技能标准》要求，焊工初级理论知识考试时间为 90 min，中级理论知识考试时间为 90 min，高级理论知识考试时间为 90 min。

高级焊工理论知识标准比重及鉴定要素细目表

鉴定范围								鉴定点		
一级			二级			三级				
代码	名称	鉴定比重	代码	名称	鉴定比重	代码	名称	鉴定比重	代码	名称	重要程度
A	基本要求	17	A	职业道德	2	A	职业道德基本知识	1	1	职业道德的基本概念	Y
									2	职业道德的内容	Y
									3	职业道德的意义	X
									4	职业道德的特点	X
						B	职业道德基本规范	1	1	职业行为规范	X
									2	企业生存的依据	Y
									3	努力的目标	Y
									4	职业活动的制度和纪律	X
									5	焊工职业守则的内容	Y
			B	基础知识	15	A	识图知识	2	1	图纸幅面及格式	Z
									2	比例	Y
									3	图线及其画法	Z
									4	投影的基本知识	Z
									5	三视图的概念及形成	X
									6	三视图的投影规律	Z
									7	三视图的作图方法和步骤	Z
									8	剖视的概念	Z
									9	看剖视图的要点	Z
									10	剖视图的标注	Z
									11	常见的剖视图	Z
									12	轴	Y
									13	螺纹的规定画法	Z
									14	螺纹的标注	Y
									15	管道	Y
									16	法兰	Y
									17	装配图的概述	Y

续表

鉴定范围								鉴定点		
一级			二级			三级				
代码	名称	鉴定比重	代码	名称	鉴定比重	代码	名称	鉴定比重	代码	名称	重要程度
A	基本要求	17	B	基础知识	15	A	识图知识	2	18	装配图的表达方法	Y
									19	装配图的尺寸标注	Z
									20	读装配图的目的	X
						B	金属及热处理基本知识	3	1	金属晶体结构的一般知识	X
									2	合金的组织结构类型	Z
									3	铁碳合金的基本组织	X
									4	铁—碳平衡状态图的构造及应用	X
									5	钢的热处理基本知识	Y
									6	钢的淬火概念	Y
									7	钢的回火概念	Y
									8	钢的正火概念	Y
									9	钢的退火概念	X
									10	钢的调质处理	Z
						C	常用金属材料基本知识	4	1	金属材料的物理化学性能	Y
									2	金属材料的力学性能	Y
									3	碳素钢的分类	X
									4	通用碳素结构钢牌号的表示方法	X
									5	优质碳素结构钢牌号的表示方法	Z
									6	专用优质碳素结构钢牌号的表示方法	Y
									7	合金钢的分类	Z
									8	合金结构钢牌号的表示方法	X
									9	常用低合金结构钢的成分、性能及用途	X
									10	低合金高强度钢	Y
									11	珠光体耐热钢的概念	Y
									12	低温钢	X
									13	低合金耐蚀钢	Z

右上角：续表

鉴定范围								鉴定点	
一级			二级			三级			
代码	名称	鉴定比重	代码	名称	鉴定比重	代码	名称	鉴定比重	代码
代码	名称	鉴定比重	代码	名称	鉴定比重	代码	名称	鉴定比重	代码	名称	重要程度
A	基本要求	17	B	基础知识	15	D	电工基本知识	2	1	直流电的概念	X
									2	电位和电压	Y
									3	部分电路欧姆定律的应用	X
									4	正弦交流电	X
									5	三相交流电的保护接地与保护接零	Z
									6	交流电与直流电的转换	Z
									7	变压器的结构和基本工作原理	Z
									8	电流表和电压表的使用方法	X
						E	化学基本知识	1	1	元素的概念	Z
									2	元素符号	X
									3	原子组成	Y
									4	原子核外电子排布	Z
									5	元素周期表基本知识——离子	X
									6	分子的形成	Z
									7	化学方程式	Z
									8	化学反应	Y
						F	冷加工基本知识		1	钳工基础知识	Z
									2	钣金工基础知识	Z
						G	焊接概述		1	焊接的物理实质	Z
									2	焊接方法分类	Z
									3	发展概况及作用	Z
						H	安全保护和环境保护知识	3	1	电流对人体的伤害形式	X
									2	流经人体的电流强度	X
									3	电流通过人体的持续时间	Z
									4	电流通过人体的途径	Z

续表

鉴定范围								鉴定点		
一级			二级			三级				
代码	名称	鉴定比重	代码	名称	鉴定比重	代码	名称	鉴定比重	代码	名称	重要程度
									5	电流的频率	Y
									6	人体的健康状况	Z
									7	触电事故	X
									8	触电的类型	Z
									9	触电事故的原因	Z
									10	人与环境	Z
									11	必须保护劳动环境	Z
									12	重视焊接环境问题	Z
A	基本要求	17	B	基础知识	15	H	安全保护和环境保护知识	3	13	焊接污染环境的有害因素	X
									14	焊接环境分类	Y
									15	焊接对人体健康的影响	
									16	粉尘和有害气体对呼吸系统的影响	Z
									17	光辐射对眼睛和视觉的影响	Y
									18	对神经系统的影响	Z
									19	高频电磁场的影响	Z
									20	焊接劳动保护环节	Z
									21	焊接作业个人防护措施重点	Y
									22	个人防护措施	X
									1	焊接环境中的职业性有害因素	Z
									2	劳动保护用品的种类及要求	X
									3	劳动保护用品的正确使用	Y
									4	焊接场地检查的必要性	Z
B	相关知识	83	A	焊前准备	18	A	劳动保护准备及安全检查	3	5	焊接场地的类型	Z
									6	焊接场地检查的内容	X
									7	工具、夹具的种类	Z
									8	工具、夹具的安全检查	X
									9	一般情况下的安全操作规程	X
									10	设备的安全检查	Y

焊工（高级）

续表

鉴定范围							鉴定点		
一级			二级			三级			
代码	名称	鉴定比重	代码	名称	鉴定比重	代码	名称	鉴定比重	代码	名称	重要程度

代码	名称	鉴定比重	代码	名称	鉴定比重	代码	名称	鉴定比重	代码	名称	重要程度
B	相关知识	83	A	焊前准备	18	B	焊接材料准备	5	1	铸铁焊条的种类	X
									2	铸铁焊条的型号	Z
									3	铸铁焊条的选用	Y
									4	铸铁焊丝的型号	Z
									5	铸铁焊丝的选用	Y
									6	铸铁焊剂	X
									7	铝及铝合金焊条	Z
									8	铜及铜合金焊条	Z
									9	铝及铝合金焊丝型号	X
									10	铝及铝合金焊丝选用	X
									11	铜及铜合金焊丝型号	X
									12	铜及铜合金焊丝选用	Y
									13	有色金属熔剂的选用	X
						C	工件准备	5	1	铸铁分类	Z
									2	检查缺陷	Y
									3	清理工件	Y
									4	准备坡口——简单造型	Y
									5	准备坡口——深坡口	X
									6	焊前预热	Z
									7	铝及铝合金的分类	Z
									8	铝及铝合金下料及加工坡口	X
									9	铝及铝合金焊前清理	Y
									10	铝及铝合金焊接垫板	Z
									11	铝及铝合金焊前预热	Y
									12	铜及铜合金分类	Z
									13	铜及铜合金接头形式及坡口准备	Y
									14	铜及铜合金焊前清理	Y

8

鉴定范围								鉴定点		
一级			二级			三级				
代码	名称	鉴定比重	代码	名称	鉴定比重	代码	名称	鉴定比重	代码	名称	重要程度

代码	名称	鉴定比重	代码	名称	鉴定比重	代码	名称	鉴定比重	代码	名称	重要程度
B	相关知识	83	A	焊前准备	18	C	工件准备	5	15	铜及铜合金焊接垫板	X
									16	铜及铜合金焊前预热	X
									17	异种金属的概念	X
									18	异种金属的特点	X
									19	异种金属的坡口准备	Z
									20	异种金属的预热	Z
						D	设备准备	5	1	埋弧焊机调试内容	X
									2	常用埋弧电源参数测试	X
									3	埋弧焊机控制系统调试	X
									4	埋弧焊机小车性能的检测	X
									5	埋弧焊机试焊	Z
									6	钨极氩弧焊机的调试内容	X
									7	钨极氩弧焊机电源各参数调试	X
									8	钨极氩弧焊机控制系统性能调试	X
									9	氩弧焊枪使用试验	X
			B	焊接	55	A	焊接接头试验	10	1	力学性能试验	X
									2	焊接接头的拉伸试验	X
									3	试验目的	Y
									4	试件制备	Y
									5	评定标准	Y
									6	焊接接头弯曲试验	Y
									7	试验目的	Y
									8	试件制备	Y
									9	评定标准	Y
									10	焊接接头冲击试验	Z
									11	试验目的	X
									12	试样制备	X

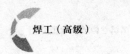

续表

鉴定范围								鉴定点		
一级			二级			三级				
代码	名称	鉴定比重	代码	名称	鉴定比重	代码	名称	鉴定比重	代码	名称	重要程度

代码	名称	鉴定比重	代码	名称	鉴定比重	代码	名称	鉴定比重	代码	名称	重要程度
B	相关知识	83	B	焊接	55	A	焊接接头试验	10	13	评定标准	Y
									14	焊接接头硬度试验	Y
									15	试验目的	Y
									16	试件制备	X
									17	评定标准	Z
									18	焊接性试验目的	Y
									19	试件的形状和尺寸	Y
									20	坡口表面加工	X
									21	试件数量	X
									22	试件的焊接	Y
									23	清理试验焊缝	Z
									24	选取焊条和焊接工艺参数	Y
									25	焊道选择	X
									26	焊接操作	Y
									27	焊缝解剖	X
									28	评定方式	X
									29	焊缝表面裂纹的检查和计算	Z
									30	焊缝根部裂纹的检查和计算	X
									31	焊缝横断面裂纹的检查和计算	X
						B	铸铁焊接	10	1	白口铸铁的特点	X
									2	灰铸铁的牌号及特点	X
									3	可锻铸铁的牌号及特点	Y
									4	球墨铸铁的牌号及特点	X
									5	灰铸铁的焊接性	X
									6	灰铸铁的焊接	X
									7	灰铸铁的焊条电弧焊	Z
									8	预热焊接方法	X

续表

鉴定范围								鉴定点		
一级			二级			三级				
代码	名称	鉴定比重	代码	名称	鉴定比重	代码	名称	鉴定比重	代码	名称	重要程度

代码	名称	鉴定比重	代码	名称	鉴定比重	代码	名称	鉴定比重	代码	名称	重要程度
B	相关知识	83	B	焊接	55	B	铸铁焊接	10	9	不预热铸铁焊条	X
									10	冷焊法	X
									11	灰铸铁的气焊	Z
									12	灰铸铁的其他焊补方法	X
									13	球墨铸铁焊补特点	Y
									14	球墨铸铁的焊条电弧焊	Y
									15	球墨铸铁的气焊	Z
						C	有色金属的焊接	13	1	纯铝	Y
									2	铝合金	X
									3	铝及铝合金的焊接性	Z
									4	铝的氧化	Y
									5	气孔	Z
									6	热裂纹	X
									7	塌陷	X
									8	接头不等强	Z
									9	焊接方法的选择	X
									10	气焊	Y
									11	钨极氩弧焊	Y
									12	熔化极氩弧焊	Z
									13	焊前准备及焊后清理	Y
									14	焊接材料	Y
									15	电源极性	X
									16	焊接工艺参数	Z
									17	焊接操作	X
									18	纯铜的牌号及特点	X
									19	黄铜的牌号及特点	X
									20	青铜的牌号及特点	X

续表

| 鉴定范围 | | | | | | | | | 鉴定点 | | |
| 一级 | | | 二级 | | | 三级 | | | | | |
代码	名称	鉴定比重	代码	名称	鉴定比重	代码	名称	鉴定比重	代码	名称	重要程度
B	相关知识	83	B	焊接	55	C	有色金属的焊接	13	21	白铜的牌号及特点	Z
									22	纯铜的焊接难熔合、易变形	X
									23	气孔	Z
									24	热裂纹	X
									25	接头的力学性能	Z
									26	黄铜的焊接性	X
									27	青铜的焊接性	Z
									28	焊接方法的选择	Z
									29	气焊	X
									30	钨极氩弧焊	Z
									31	熔化极氩弧焊	Y
									32	钛及钛合金的分类	Y
									33	钛及钛合金的性能	X
									34	钛及钛合金的焊接性	X
									35	容易沾污，引起脆化	X
									36	裂纹	Z
									37	气孔	Z
									38	钨极氩弧焊	Y
									39	熔化极氩弧焊	Z
									40	等离子弧焊	Z
									41	其他焊接方法	Y
									42	焊接材料	Z
									43	坡口形式	Z
									44	焊前清理	Z
									45	氩气保护装置	X
									46	焊接工艺参数	Z
									47	焊后热处理	Z

鉴定范围								鉴定点		
一级			二级			三级				
代码	名称	鉴定比重	代码	名称	鉴定比重	代码	名称	鉴定比重	代码	名称	重要程度
B	相关知识	83	B	焊接	55	D	异种金属的焊接	8	1	异种金属的焊接性	X
									2	焊缝金属的稀释	X
									3	过渡层的形成	Y
									4	扩散层的形成	Z
									5	焊接接头的高应力状态	Y
									6	焊接方法的选择	X
									7	焊接材料	X
									8	焊接工艺参数选择	Y
									9	焊接工艺参数	X
									10	采用隔离层焊接方法	X
									11	不锈钢复合板的焊接	X
							E	焊条电弧焊技术	2	1	板对接仰焊焊前准备	Z
									2	焊接工艺参数、操作要点和注意事项	X
									3	对接管水平固定向上焊焊前准备	Z
									4	焊接工艺参数	Z
									5	焊接方法	X
									6	对接管水平固定向下焊	Z
									7	焊前准备	Z
									8	焊接工艺参数	Z
									9	焊接方法	Z
									10	骑坐式管板仰焊焊前准备	Z
									11	焊接工艺参数	X
									12	小管径垂直固定电弧焊焊前准备	Z
									13	焊接工艺参数	Z
									14	焊接方法	Z
									15	小管径水平固定加障碍焊焊前准备	Z

续表

鉴定范围								鉴定点		
一级			二级			三级				重要程度
代码	名称	鉴定比重	代码	名称	鉴定比重	代码	名称	鉴定比重	代码	名称	
									16	焊接工艺参数	Z
									17	焊接方法	Z
						E	焊条电弧焊技术	2	18	小径管道的45°倾斜固定焊前准备	Z
									19	焊接工艺参数	Z
									20	焊接操作方法	Z
									1	气割机的优缺点	X
									2	气割机的种类	Z
									3	小型气割机械	Z
									4	仿形气割机	X
						F	气割机	3	5	光电跟踪气割机的工作原理	X
									6	数控气割机	X
									7	CG1—30型半自动气割机	Z
B	相关知识	83	B	焊接	55				8	KT—530型光电跟踪气割机	Z
									9	气割机切割的安全操作注意事项	X
									1	锅炉压力容器特点	X
									2	工作条件恶劣	X
									3	容易发生事故	X
									4	使用广泛并要求连续运行	X
									5	锅炉参数	Z
						G	典型容器和结构的焊接	10	6	锅炉出力	Z
									7	压力	Y
									8	温度	Y
									9	锅炉常用的分类方法	Z
									10	锅炉型号	Z
									11	锅炉基本结构	Z
									12	压力容器主要工艺参数	Z

鉴定范围								鉴定点		
一级			二级			三级				
代码	名称	鉴定比重	代码	名称	鉴定比重	代码	名称	鉴定比重	代码	名称	重要程度
									13	压力容器分类	X
									14	压力容器结构	Y
									15	对压力容器的强度要求	Y
									16	对压力容器的刚度要求	Z
									17	对压力容器的耐久性要求	Z
									18	对压力容器的密封性要求	Y
									19	压力容器焊接接头的主要形式	Y
									20	接头形式的分类	Z
									21	对压力容器材料的要求	X
									22	对焊工的要求	Y
			B	焊接	55	G	典型容器和结构的焊接	10	23	焊接工艺评定及焊接工艺指导书	X
									24	压力容器的组焊要求	X
B	相关知识	83							25	焊接接头的表面质量要求	X
									26	焊接接头返修的要求	X
									27	梁的定义	Y
									28	梁的结构	X
									29	梁的连接	Z
									30	梁的焊接	X
									31	柱的定义	X
									32	柱的结构	Y
									33	柱的焊接	Y
									1	铸铁焊接裂纹产生的原因	Z
									2	铸铁焊接裂纹的防止措施	Y
			C	焊后检查	10	A	焊接缺陷分析	5	3	铸铁焊接气孔产生的原因	Y
									4	铸铁焊接气孔的防止措施	X
									5	铝及其合金焊接产生热裂纹的原因	Z

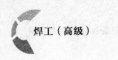

| 鉴定范围 | | | | | | | | 鉴定点 | | |
| 一级 | | | 二级 | | | 三级 | | | | |
代码	名称	鉴定比重	代码	名称	鉴定比重	代码	名称	鉴定比重	代码	名称	重要程度
									6	铝及其合金焊接热裂纹防止措施	X
									7	铝及其合金焊接气孔产生的原因	Z
									8	铝及其合金焊接气孔防止措施	X
									9	铝及其合金焊接夹渣产生的原因	Z
									10	铝及其合金焊接夹渣防止措施	Z
									11	铜及其合金焊接热裂纹产生的原因	Z
									12	铜及其合金焊接热裂纹防止措施	X
									13	铜及其合金焊接气孔产生的原因	Z
									14	铜及其合金焊接气孔防止措施	Z
B	相关知识	83	C	焊后检查	10	A	焊接缺陷分析	5	15	铜及其合金焊接未熔合产生的原因	Z
									16	铜及其合金焊接未熔合防止措施	Z
									17	压力容器焊接冷裂纹产生的原因	Z
									18	压力容器焊接冷裂纹防止措施	X
									19	压力容器焊接未熔合和夹渣产生的原因	Z
									20	压力容器焊接气孔产生的原因	X
									21	压力容器焊接未焊透产生的原因	Z
									22	压力容器焊接咬边产生的原因	Y
									23	梁、柱焊接缺陷	Y
									24	梁、柱焊接预防变形的措施	X
						B	焊接检验	5	1	水压试验的目的	X
									2	水压试验的方法	X
									3	水压试验的注意事项	X
									4	管道严密性试验	Z
									5	渗透法试验	X

续表

鉴定范围								鉴定点		
一级			二级			三级				
代码	名称	鉴定比重	代码	名称	鉴定比重	代码	名称	鉴定比重		
代码	名称							代码	名称	重要程度
B	相关知识	83	C	焊后检查	10	B	焊接检验	5	6	荧光探伤的目的	X

鉴定范围									鉴定点		
一级			二级			三级					
代码	名称	鉴定比重	代码	名称	鉴定比重	代码	名称	鉴定比重	代码	名称	重要程度
B	相关知识	83	C	焊后检查	10	B	焊接检验	5	6	荧光探伤的目的	X
									7	荧光探伤的试验原理	Z
									8	荧光探伤的试验方法	X
									9	着色探伤的目的	X
									10	着色探伤的试验原理	Z
									11	着色探伤的试验方法	Z

第二部分
理论知识考试真题详解

高级焊工理论知识考题真题试卷（一）及其详解

一、单项选择题（第 1～80 题。选择一个正确的答案，将相应的字母填入题内的括号中，每题 1 分，满分 80 分。）

1. 职业道德是社会道德要求在（　　　）中的具体体现。

　　A. 职业行为和职业关系　　　　　B. 生产行为和职业行为

　　C. 经济行为和社会关系　　　　　D. 职业行为和人际关系

【解析】答案：A

　　本题主要考核职业道德的内容：职业道德是社会道德要求在职业行为和职业关系中的具体体现，是整个社会道德生活的重要组成部分。职业道德就是从事一定职业的人们在工作或劳动过程中所应该遵守的、与其职业活动紧密联系的道德规范和原则的总和。

【鉴定点分布】基本要求→职业道德→职业道德基本知识→职业道德的基本概念。

2. 凡是已制定好的焊工工艺文件，焊工在生产中（　　　）。

　　A. 可以灵活运用　　　　　　　　B. 必要时进行修改

　　C. 必须严格执行　　　　　　　　D. 根据实际进行发挥

【解析】答案：C

　　本题主要考核焊工应如何执行工艺文件：严格执行焊接工艺，是保证焊接质量的前提和基础。在焊接生产中，为了保证人身和设备安全，各种设备、仪器仪表、工具和夹具等都制定了操作规程，焊工需认真学习领会各种规程，并严格执行，以保证安全生产。

【鉴定点分布】基本要求→职业道德→职业道德基本规范→焊工职业守则的内容。

3. 表示直径尺寸时，零件图中尺寸数字前应有符号（　　　）。

　　A. L　　　　　　　B. K　　　　　　　C. ϕ　　　　　　　D. R

【解析】答案：C

　　本题主要考核直径尺寸的标注：国家标准规定标注直径时，应在尺寸数字前加注符号"ϕ"；标注半径时，应在尺寸数字前加注符号"R"；标注球面的直径或半径时，

应在符号"φ"或"R"前再加注符号"S"。

【鉴定点分布】基本要求→基础知识→识图知识→常用零部件的画法及代号标注→轴。

4. 专用优质碳素结构钢的牌号中，（　　）表示桥梁用钢。

  A. HP   B. g   C. H   D. q

【解析】答案：D

本题主要考核专用优质碳素结构钢牌号中字母的含义：焊接用钢牌号表示为"H"，压力容器用钢牌号表示为"R"，桥梁用钢表示为"q"，锅炉用钢表示为"g"，焊接气瓶用钢表示为"HP"。

【鉴定点分布】基本要求→基础知识→金属热处理与金属材料→常用金属材料基本知识→碳素钢的分类及牌号的表示方法→碳素结构钢牌号的表示方法→专用优质碳素结构钢。

5. （　　）钢是珠光体耐热钢。

  A. Q345   B. 1Cr18Ni9   C. 45   D. 15CrMo

【解析】答案：D

本题主要考核什么是珠光体耐热钢：主要是以铬、钼为基础的具有高温强度和抗氧化性的低合金钢，常用于汽轮机、锅炉、电站管道等高温、高压的部件上，一般最高工作温度在 500～600℃ 之间。由于这类钢在金属组织上多属珠光体组织，所以常称珠光体耐热钢。常用的珠光体耐热钢有 15CrMo、20CrMoV、15Cr1Mo1V、20Cr3MoWV 等。

【鉴定点分布】基本要求→基础知识→金属热处理与金属材料→常用金属材料基本知识→合金钢的分类及牌号的表示方法→常用低合金结构钢的成分、性能及用途→专用钢。

6. 低温钢必须保证在相应的低温下具有（　　），而对强度无要求。

  A. 很高的低温塑性   B. 足够的低温塑性

  C. 足够的低温韧性   D. 较低的低温韧性

【解析】答案：C

本题主要考核低温钢使用的知识：这类钢主要用于各种低温装置（-196～-40℃）和在严寒地区的一些工程结构（如桥梁等）。低温钢必须保证在相应的低温下具有足够高的低温韧性，而对强度并无要求。这种钢大部分是一些含 Ni 的低碳低合金钢，常用的低温钢主要有 Q345、09Mn2V、06MnNb、2.5Ni、3.5Ni、9Ni 等。

【鉴定点分布】基本要求→基础知识→金属热处理与金属材料→常用金属材料基本知识→合金钢的分类及牌号的表示方法。

7. 铝和铜的元素符号是（ ）。

    A. Al 和 C   B. Cr 和 Ar   C. Cu 和 Ca   D. Al 和 Cu

【解析】答案：D

本题主要考核化学元素周期表的知识：在化学元素周期表中铝的元素符号是"Al"，铜的元素符号是"Cu"。

【鉴定点分布】基本要求→基础知识→化学基本知识→化学元素符号→元素符号。

8. 焊工受到的熔化金属溅出烫伤等属于（ ）伤害。

    A. 弧光   B. 磁场   C. 电击   D. 电伤

【解析】答案：D

本题主要考核金属溅出烫伤属于什么伤害：电伤是电流的热效应、化学效应或机械效应对人体的伤害，其中主要是间接或直接的电弧烧伤、熔化金属溅出烫伤等。

【鉴定点分布】基本要求→基础知识→安全保护和环境保护知识→安全用电知识→电流对人体的伤害形式→电伤。

9. 安全电压能限制触电时（ ）的范围之内，从而保障人身安全。

    A. 人体的电阻在极大   B. 通过人体的电流在极小

    C. 人体的电阻在较大   D. 通过人体的电流在较小

【解析】答案：D

本题主要考核安全电压的知识：由欧姆定律可知 $U = IR$。当人体电阻值一定时，安全电压能限制触电时通过人体的电流在较小的范围之内，从而保障人身安全。

【鉴定点分布】基本要求→基础知识→安全保护和环境保护知识→安全用电知识→影响电击严重程度的因素。

10. 焊接场地应保持必要的通道，人行通道宽度不小于（ ）m。

    A. 4.5   B. 3.5   C. 2.5   D. 1.5

【解析】答案：D

本题主要考核焊接场地人行通道的宽度：焊接场地安全检查的内容中就有一条：检查焊接场地是否保持必要的通道，且车辆通道宽度不小于 3 m，人行通道宽度不小于 1.5 m。

【鉴定点分布】相关知识→焊前准备→劳动保护准备及安全检查→场地设备及工具、夹具的安全检查→焊接场地检查的内容。

11. 焊前应将（ ）m 范围内的各类可燃易爆物品清除干净。

    A. 10   B. 12   C. 15   D. 20

【解析】答案：A

本题主要考核焊前焊割场地清理的知识：焊接场地安全检查的内容中有一条：检查焊割场地周围 10 m 范围内，各类可燃易爆物品是否清除干净。如不能清除干净，应采取可靠的安全措施，如用水喷湿或用防火盖板、湿麻袋、石棉布等覆盖。放在焊割场地附近的可燃材料需预先采取安全措施以隔绝火星。

【鉴定点分布】相关知识→焊前准备→劳动保护准备及安全检查→场地设备及工具、夹具的安全检查→焊接场地检查的内容。

12. 型号为 SAlMg−1 的焊丝是（　　）。

　　A. 铝铜焊丝　　　　B. 铝镁焊丝　　　　C. 铝锰焊丝　　　　D. 铝硅焊丝

【解析】答案：B

本题主要考核是否掌握铝及铝合金焊丝型号编制方法的知识：依据国家标准《铝及铝合金焊丝》（GB/T 10858—2008）的规定，该标准适用于惰性气体保护焊、等离子弧焊、气焊等焊接方法的铝及铝合金焊丝。型号的具体编制方法如下：

（1）焊丝型号以"丝"字的汉语拼音字母"S"为型号的第一个字。

（2）"S"后面用化学元素符号表示焊丝的主要合金组成。

（3）化学元素符号后的数字表示同类焊丝的不同品种，并用短画"−"与前面的元素符号分开。

【鉴定点分布】相关知识→焊前准备→焊接材料准备→有色金属焊接材料→有色金属焊丝选用→铝及铝合金焊丝的型号。

13.（　　）可以用来焊接纯铝或要求不高的铝合金。

　　A. SAlMg−5　　　　　　　　　　B. SAlMn

　　C. SA1−3　　　　　　　　　　　D. SAlCu

【解析】答案：C

本题主要考核铝及铝合金焊丝选用的知识：焊接铝及铝合金的焊接材料见第七章第一节，下表为铝及铝合金焊丝的牌号（旧）、型号（新）、化学成分及用途，牌号为 HS301 也即型号为 SA1−3 的焊丝，在用途一栏中标明用于"焊接纯铝或要求不高的铝合金"。

铝及铝合金焊丝的牌号（旧）、型号（新）、化学成分及用途

名称	牌号（旧）	型号（新）	化学成分（%）	熔点（℃）	用途
纯铝焊丝	HS301	SAl−3	w（Al）≥99.5	660	焊接纯铝或要求不高的铝合金
铝硅合金焊丝	HS311	SAlSi−1	w（Si）≈4.5～6 w（Al）余量	580～610	通用焊丝，焊接除铝镁合金以外的铝合金

续表

名称	牌号（旧）	型号（新）	化学成分（%）	熔点（℃）	用途
铝锰合金焊丝	HS321	SAlMn	w（Mn）≈1.0～1.5 w（Al）余量	643～654	焊接铝锰及其他铝合金，焊缝有良好的耐腐蚀性及一定强度
铝镁合金焊丝	HS331	SAlMg－5	w（Mg）≈4.7～5.7 w（AL）余量	638～660	焊接铝镁及其他铝合金，焊缝有良好的耐腐蚀性及力学性能

【鉴定点分布】相关知识→焊前准备→焊接材料准备→有色金属焊接材料→有色金属焊丝选用→铝及铝合金焊丝选用。

14. 气焊铝及铝合金用的熔剂是（　　）。

　　A. CJ401　　　　　B. HJ431　　　　　C. HJ250　　　　　D. CJ101

【解析】答案：A

本题主要考核铝及铝合金熔剂的识别：HJ431和HJ250是埋弧焊用焊剂，CJ101是不锈钢气焊焊剂，而CJ401是铝及铝合金熔剂。

【鉴定点分布】相关知识→焊前准备→焊接材料准备→有色金属焊接材料→有色金属熔剂的选用。

15. 气焊铜及铜合金用的熔剂是（　　）。

　　A. CJ301　　　　　B. HJ431　　　　　C. HJ250　　　　　D. CJ101

【解析】答案：A

本题主要考核铜及铜合金熔剂的识别：HJ431和HJ250是埋弧焊用焊剂，CJ101是不锈钢气焊焊剂，而CJ301是铜及铜合金熔剂。

【鉴定点分布】相关知识→焊前准备→焊接材料准备→有色金属焊接材料→有色金属熔剂的选用。

16. 为了准确确定缺陷的位置、形状和性质，铸铁焊补前可采用（　　）进行检查。

　　A. 超声波探伤法　　　　　　　B. 力学性能检验法

　　C. 金相检验法　　　　　　　　D. 磁粉探伤法

【解析】答案：D

本题主要考核铸铁焊补前应进行哪种检查：利用肉眼、放大镜、磁力探伤、着色探伤法、煤油渗透法或水压试验法进行检查，准确确定缺陷的位置、形状和性质。

【鉴定点分布】相关知识→焊前准备→工件准备→铸铁→铸铁焊前准备要求。

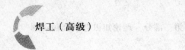

17. 铸铁开深坡口焊补时，为了防止焊缝与母材剥离，常采用（ ）。

    A. 刚性固定法　　　　　　　　B. 加热减应区法

    C. 向焊缝渗入合金法　　　　　　D. 栽螺钉法

【解析】答案：D

本题主要考核铸铁开深坡口焊补防止焊缝与母材剥离的方法：坡口较大时，应采用多层焊，后层焊缝对前层焊缝和热影响区有热处理作用，可使接头平均硬度降低。但多层焊时焊缝收缩应力较大，易产生剥离性裂纹，因此应注意合理安排焊接次序。当工件受力大，焊缝强度要求较高时，可采用栽螺钉法，以提高接头强度。

【鉴定点分布】相关知识→焊前准备→工件准备→铸铁→铸铁焊前准备要求→准备坡口。

18. 铝及铝合金坡口进行化学清洗时，坡口上如有裂纹和刀痕，则（ ），影响焊接质量。

    A. 裂纹易扩展　　B. 刀痕被洗掉　　C. 清洗时间长　　D. 易存清洗液

【解析】答案：D

本题主要考核铝及铝合金坡口加工的知识：因为对铝及铝合金坡口进行化学清洗时，坡口上如果有裂纹和刀痕，易存清洗液，影响焊接质量。所以，注意加工表面不能造成裂纹和明显的刀痕。

【鉴定点分布】相关知识→焊前准备→工件准备→有色金属→铝及铝合金→铝及铝合金焊前准备→坡口的加工。

19. 铝及铝合金工件及焊丝表面清理后，在存放过程中会产生（ ），所以存放时间越短越好。

    A. 气孔　　　　B. 热裂纹　　　　C. 氧化膜　　　　D. 冷裂纹

【解析】答案：C

本题主要考核铝及铝合金工件及焊丝焊前清理后的存放：铝及铝合金工件和焊丝经过清理后，在存放过程中会重新产生氧化膜。特别是在潮湿环境以及在被酸、碱等蒸气污染的环境中，氧化膜生成更快，因此清理后存放时间应越短越好。在潮湿的环境下，一般应在清理后 4 h 内施焊；在干燥的空气中，一般存放时间不超过 24 h。清理后存放时间过长，需要重新清理。

【鉴定点分布】相关知识→焊前准备→工件准备→有色金属→铝及铝合金→铝及铝合金焊前准备→焊前清理。

20. 铜及铜合金单面焊双面成型时，为保证焊缝成型，接头背面应（ ）。

    A. 采用气保护　　B. 采用渣保护　　C. 采用水冷　　D. 采用垫板

【解析】答案：D

本题主要考核铜及铜合金单面焊双面成型时，为保证焊缝成型，接头背面应采取的措施：必须在背面加成型垫板才不致使液态铜流失，从而获得所要求的焊缝形状。在没有采用焊缝成型装置的情况下，可选用双面焊接头，以保证良好的焊缝成型。

【鉴定点分布】相关知识→焊前准备→工件准备→有色金属→铜及铜合金→铜及铜合金焊前准备→坡口的加工。

21. 埋弧焊机的调试内容应包括（　　）的测试。

A. 脉冲参数　　　　　　　　　　B. 送气、送水、送电程序

C. 高频引弧性能　　　　　　　　D. 电源的性能和参数

【解析】答案：D

本题主要考核是否掌握埋弧焊机调试的内容：埋弧焊机的调试主要是对新设备的安装及各种性能指标的调整及测试，埋弧焊机的调试包括电源、控制系统、小车三大组成部分的性能、参数测试和焊接试验。

【鉴定点分布】相关知识→焊前准备→设备准备→埋弧焊机调试内容。

22. （　　）属于埋弧焊机电源参数的测试内容。

A. 焊丝的送丝速度　　　　　　　B. 各控制按钮的动作

C. 小车的行走速度　　　　　　　D. 输出电流和电压的调节范围

【解析】答案：D

本题主要考核是否掌握埋弧焊机电源参数的测试内容：焊机按使用说明书组装后，接通电源，调节电源输出电压和电流，观察变化是否均匀，调节范围与技术参数比较是否一致，以便了解设备的状况。

【鉴定点分布】相关知识→焊前准备→设备准备→埋弧焊机的调试→常用埋弧→电源参数测试。

23. （　　）属于埋弧焊机小车性能的检测内容。

A. 各控制按钮的动作　　　　　　B. 引弧操作性能

C. 焊丝送进速度　　　　　　　　D. 驱动电动机和减速系统的运行状态

【解析】答案：D

本题主要考核是否掌握埋弧焊机小车性能的检测内容：埋弧焊机小车性能的检测内容包括几点：

（1）小车的行走是否平稳、均匀，可在运行中观察、测量。

（2）检查机头各方向上的运动，检查其能否符合使用要求。

（3）观察驱动电动机和减速系统运行状态，有无异常声音和现象。

（4）焊丝的送进、校直、夹持导电等部件的功能测试，可根据焊丝送出的状态进行判断。

（5）在运行中观察焊剂的铺撒和回收情况。

【鉴定点分布】 相关知识→焊前准备→设备准备→埋弧焊机的调试→调试方法→埋弧焊机小车性能的检测。

24.（　　）属于钨极氩弧焊机电源参数的调试内容。

    A. 小电流段电弧的稳定性　　　　　B. 脉冲参数

    C. 引弧、焊接、断电程序　　　　　D. 提前送气和滞后停气程序

【解析】 答案：A

本题主要考核是否掌握钨极氩弧焊机电源各参数调试的内容，具体包括以下几点：

（1）测试恒流特性。选择任意一个电流值进行焊接，在不同弧长的情况下观察电压表、电流表，从显示的数据判断电压及电流的变化。

（2）测试电压、电流的调节范围是否与技术参数一致，电流调节是否均匀。

（3）测试电弧稳定性。尤其应在小电流段观察电弧的稳定性。

（4）测试引弧性能。反复进行引弧试验，观察引弧的准确性和可靠性。

（5）测试交流氩弧焊电源阴极雾化作用。通过雾化区的大小和清洁程度进行判断，还需检查阴极雾化作用是否可调。

【鉴定点分布】 相关知识→焊前准备→设备准备→钨极氩弧焊机调试→电源各参数调试。

25.（　　）属于钨极氩弧焊枪的试验内容。

    A. 焊丝的送丝速度

    B. 输出电流和电压的调节范围

    C. 电弧的稳定性

    D. 在额定电流和额定负载持续率情况下使用时，焊枪发热情况

【解析】 答案：D

本题主要考核是否掌握氩弧焊枪使用试验的内容：使用钨极氩弧焊枪时，应观察焊枪有无漏气、漏水现象；在额定电流和额定负载持续率的情况下使用，应测试焊枪的发热情况。

【鉴定点分布】 相关知识→焊前准备→设备准备→钨极氩弧焊机调试→氩弧焊枪使用试验。

26. 焊接接头力学性能试验可以用来测定（　　）。

    A. 焊缝的化学成分　　　　　B. 焊缝的金相组织

    C. 焊缝的耐腐蚀性　　　　　D. 焊缝的韧性

【解析】 答案：D

本题主要考核力学性能试验的用途：用来测定焊接材料、焊缝金属和焊接接头在

各种条件下的强度、塑性和韧性。

【鉴定点分布】相关知识→焊接→焊接接头试验→力学性能试验。

27. 检测（　　）是否符合设计要求是焊接接头力学性能试验的目的。

　　A. 焊接接头的形式　　　　　　　B. 焊接接头的性能

　　C. 焊接接头的变形　　　　　　　D. 焊接接头的抗裂性

【解析】答案：B

本题主要考核焊接接头力学性能试验的目的：首先应当焊制产品试板，从中取出拉伸、弯曲、冲击等试样进行试验，以确定焊接工艺参数是否合适，焊接接头的性能是否符合设计的要求。

【鉴定点分布】相关知识→焊接→焊接接头试验→力学性能试验。

28. 焊接接头的（　　）是由焊接接头拉伸试验所测定的。

　　A. 硬度　　　　　　B. 抗拉强度　　　　C. 冲击韧度　　　　D. 耐腐蚀性

【解析】答案：B

本题主要考核焊接接头拉伸试验的目的：国家标准《焊接接头拉伸试验方法》（GB/T 2651—2008）规定了金属材料焊接接头横向拉伸试验的方法，用以测定焊接接头的抗拉强度。

【鉴定点分布】相关知识→焊接→焊接接头试验→焊接接头的拉伸试验。

29. （　　）可以检验焊接接头拉伸面上的塑性及显示缺陷。

　　A. 小铁研试验　　　B. 超声波探伤　　　C. X 射线探伤　　　D. 弯曲试验

【解析】答案：D

本题主要考核焊接接头弯曲试验的目的：国家标准《焊接接头弯曲试验方法》（GB/T 2653—2008）规定了金属材料焊接接头的横向正弯及背弯试验、横向侧弯试验、纵向正弯和背弯试验，用以检验接头拉伸面上的塑性及显示缺陷。

【鉴定点分布】相关知识→焊接→焊接接头试验→焊接接头弯曲试验。

30. 焊接接头冲击试样的数量，按缺口所在位置应（　　）3 个。

　　A. 各自不少于　　　B. 总共不少于　　　C. 平均不大于　　　D. 平均不少于

【解析】答案：A

本题主要考核焊接接头冲击试验试样的数量：国家标准《焊接接头冲击试验方法》（GB/T 2650—2008）规定了焊接接头冲击试验的试样，按缺口所在位置各自不少于3 个。

【鉴定点分布】相关知识→焊接→焊接接头试验→焊接接头冲击试验。

31. 焊接接头硬度试验的测定内容不包括（　　）硬度。

A. 魏氏   B. 维氏   C. 布氏   D. 洛氏

【解析】答案：A

本题主要考核焊接接头硬度试验的目的：国家标准《焊接接头硬度试验方法》（GB/T 2654—2008）规定了金属材料焊接接头的硬度试验方法，用以测定焊接接头的洛氏、布氏、维氏硬度。

【鉴定点分布】相关知识→焊接→焊接接头试验→焊接接头硬度试验。

32. 斜 Y 型坡口对接裂纹试验规定，试件数量为（　　）取两件。

    A. 每次试验   B. 每种母材

    C. 每种焊条   D. 每种焊接工艺参数

【解析】答案：A

本题主要考核斜 Y 型坡口对接裂纹试验试件数量：国家标准《焊接性试验　斜 Y 型坡口焊接裂纹试验方法》（GB/T 4675.1—1984）中规定，每次试验应取两件。

【鉴定点分布】相关知识→焊接→焊接接头试验→焊接性试验→试件制备→试件数量。

33. 斜 Y 型坡口对接裂纹试件焊完后，应（　　）开始进行裂纹的检测和解剖。

    A. 经 48 h 以后   B. 立即

    C. 经外观检验以后   D. 经 X 射线探伤以后

【解析】答案：A

本题主要考核斜 Y 型坡口对接裂纹试验焊缝解剖的知识：国家标准《焊接性试验　斜 Y 型坡口焊接裂纹试验方法》（GB/T 4675.1—1984）中规定斜 Y 型坡口对接裂纹试件焊完后，应经 48 h 以后才能开始进行裂纹的检测和解剖。

【鉴定点分布】相关知识→焊接→焊接接头试验→焊接性试验→试验方法→焊缝的解剖。

34. 对斜 Y 型坡口对接裂纹试样 5 个横断面分别计算出其裂纹率，然后求出平均值的是（　　）裂纹率。

    A. 根部   B. 横断面   C. 弧坑   D. 表面

【解析】答案：B

本题主要考核斜 Y 型坡口对接裂纹试样横断面裂纹率的概念：焊缝横断面裂纹率是对这 5 个横断面分别计算出其裂纹率，然后求其平均值。

【鉴定点分布】相关知识→焊接→焊接接头试验→焊接性试验→评定方法→焊缝横断面裂纹的检查和计算。

35. 白口铸铁中的碳几乎全部以渗碳体（Fe_3C）形式存在，性质（　　）。

A. 不软不韧　　　　B. 又硬又韧　　　　C. 不软不硬　　　　D. 又硬又脆

【解析】答案：D

本题主要考核白口铸铁的特性：白口铸铁中的碳几乎全部以渗碳体（Fe$_3$C）形式存在，断口呈白亮色，性质硬而脆，无法进行机械加工。它主要用来制造一些耐磨件，应用很少，并且很少进行焊接。

【鉴定点分布】相关知识→焊接→铸铁焊接→铸铁的分类、牌号及特性→白口铸铁的特点。

36. 下列选项中（　　）不是灰铸铁具有的优点。

　　A. 成本低　　　　　　　　　　　B. 吸振、耐磨、切削性能好

　　C. 铸造性能好　　　　　　　　　D. 较高的强度、塑性和韧性

【解析】答案：D

本题主要考核灰铸铁的特性：灰铸铁中的碳以片状石墨的形式分布于金属基体中（基体可为铁素体、珠光体或铁素体＋珠光体），断口呈暗灰色。它具有成本低、铸造性能好、容易切削加工、吸振、耐磨等优点，因此应用最广泛，常用来制造机床床身、机架、减速箱、气缸体等。

【鉴定点分布】相关知识→焊接→铸铁焊接→铸铁的分类、牌号及特性→灰铸铁的牌号及特点。

37. 用焊条电弧焊热焊法焊接灰铸铁时，可得到（　　）焊缝。

　　A. 铸铁组织　　　　　　　　　　B. 钢组织

　　C. 白口铸铁组织　　　　　　　　D. 有色金属组织

【解析】答案：A

本题主要考核灰铸铁采用热焊法时可得到什么样的焊缝组织：热焊法可得到铸铁组织焊缝，加工性好，焊缝强度、硬度、颜色与母材相同。

【鉴定点分布】相关知识→焊接→铸铁焊接→灰铸铁的焊接→焊条电弧焊→预热焊法。

38. 采用焊条电弧焊热焊法时，不能用（　　）的操作方法焊补灰铸铁缺陷。

　　A. 焊接电弧适当拉长　　　　　　B. 焊后保温缓冷

　　C. 粗焊条、连续焊　　　　　　　D. 细焊条、小电流

【解析】答案：D

本题主要考核灰铸铁采用热焊法时应如何操作：采用热焊和半热焊法焊补灰铸铁时，根据被焊工件的壁厚，应尽量选择较大直径的焊条。为使药皮中的石墨充分熔化，焊接电弧要适当拉长，但也不宜过长，防止保护不良及合金元素的烧损。从缺陷中心引弧，电弧逐渐移向边缘。缺陷较小时应连续焊补；缺陷较大时，应逐层堆焊，直至

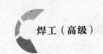

填满缺陷。电弧在缺陷边缘处不宜停留过长，以减少母材熔化量，避免造成咬边。渣多时要及时清理，否则易生夹渣，在焊接过程中应始终保持预热温度。焊后一定要采取保温缓冷措施，一般常采用覆盖保温材料的方法。对于重要的铸件，最好进行消除应力处理，即焊后立即将工件加热至 600～700℃，保温一段时间，然后缓慢冷却。

【鉴定点分布】相关知识→焊接→铸铁焊接→灰铸铁的焊接→焊条电弧焊→预热焊法。

39. 灰铸铁的（　　）缺陷不适合采用铸铁芯焊条不预热焊接方法焊补。

    A. 砂眼   B. 不穿透气孔

    C. 铸件的边角处缺肉   D. 焊补处刚度较高

【解析】答案：D

本题主要考核采用铸铁芯焊条不预热焊接方法焊补的优缺点：铸铁芯焊条不预热焊接可以得到铸铁焊缝，焊接接头可以加工，并且不用预热，大大改善了劳动条件。但这种方法容易产生裂纹，所以适用于中、小型铸件，并且壁厚比较均匀，结构应力较小，如铸件的边角处缺肉、砂眼及不穿透气孔等。因此，焊补处刚度较高易产生裂纹及结构复杂的铸件不适合采用铸铁芯焊条不预热焊接方法焊补。

【鉴定点分布】相关知识→焊接→铸铁焊接→灰铸铁的焊接→焊条电弧焊→不预热焊法。

40. 对坡口较大、工件受力大的灰铸铁电弧冷焊时，不能采用（　　）的焊接工艺方法。

    A. 多层焊   B. 栽螺钉

    C. 合理安排焊接次序   D. 焊缝高出母材一块

【解析】答案：D

本题主要考核对坡口较大、工件受力大的灰铸铁电弧冷焊时应采取的措施：应采用多层焊，后层焊缝对前层焊缝和热影响区有热处理作用，可使接头平均硬度降低。但多层焊时焊缝收缩应力较大，易产生剥离性裂纹，因此应注意合理安排焊接次序。当工件受力大，焊缝强度要求较高时，可采用栽螺钉法，以提高接头强度。

【鉴定点分布】相关知识→焊接→铸铁焊接→灰铸铁的焊接→焊条电弧焊→冷焊法。

41. 采用黄铜焊丝作为钎料钎焊灰铸铁时，火焰应采用（　　）。

    A. 中性焰   B. 弱碳化焰   C. 碳化焰   D. 氧化焰

【解析】答案：D

本题主要考核灰铸铁钎焊时火焰的应用：钎焊前，应先用氧化焰将坡口的石墨烧掉，然后用氧化焰进行钎焊。

【鉴定点分布】相关知识→焊接→铸铁焊接→灰铸铁的焊接→灰铸铁的其他焊补方法→钎焊。

42. 由于球化剂具有阻碍石墨化的作用，因此球墨铸铁产生白口铸铁组织的倾向（　　）。

    A. 与灰铸铁相同   B. 比灰铸铁小

    C. 比灰铸铁小得多   D. 比灰铸铁大

【解析】答案：D

本题主要考核球墨铸铁的焊补时球化剂的影响：由于球化剂阻碍石墨化及提前淬硬临界冷却速度，因此，球墨铸铁的白口铸铁组织和淬硬倾向比灰铸铁大。

【鉴定点分布】相关知识→焊接→铸铁焊接→球墨铸铁焊补特点。

43. 牌号 L4 表示（　　）。

    A. 超硬铝合金   B. 铝镁合金   C. 铝铜合金   D. 纯铝

【解析】答案：D

本题主要考核纯铝牌号的知识：纯铝的牌号用"铝"字汉语拼音字首"L"和其后面的编号表示，工业纯铝的纯度为 99.0%～99.9%，其牌号有 L1、L2、L3、L4、L5、L6，编号越大，纯度越低。主要用于制作铝基合金及制造导线、电缆等。

【鉴定点分布】相关知识→焊接→有色金属的焊接→铝及铝合金的焊接性→铝及铝合金的分类及性能→工业纯铝。

44. 在铝及铝合金 TIG 焊过程中，破坏和清除氧化膜的措施是（　　）。

    A. 焊丝中加锰和硅脱氧   B. 采用直流正接焊

    C. 提高焊接电流   D. 采用交流焊

【解析】答案：D

本题主要考核铝及铝合金 TIG 焊过程中破坏和清除氧化膜的措施：钨极氩弧焊一般采用交流焊。因为铝及铝合金易氧化，表面总会有氧化膜，焊接过程中也应注意清除。当采用直流反接时，工件为阴极，质量较大的正离子向工件运动，撞击工件表面，将氧化膜撞碎，具有阴极破碎作用。但直流反接时，钨极为正极，发热量大，钨极易熔化，影响电弧稳定，并容易使焊缝夹钨。所以铝及铝合金 TIG 焊时一般采用交流焊，在电流方向变化时，有一个半周相当于直流反接（工件为阴极），具有阴极破碎作用；而另一个半周相当于直流正接（钨极为阴极），钨极发热量小，防止钨极熔化。

【鉴定点分布】相关知识→焊接→有色金属的焊接→铝及铝合金的焊接性→焊接工艺→电源极性。

45. 用熔化极氩弧焊焊接铝及铝合金时（　　）直流反接。

A. 采用交流焊或　　　　　　　　B. 采用交流焊而不采用

C. 采用直流正接或　　　　　　　D. 一律采用

【解析】 答案：D

本题主要考核铝及铝合金熔化极氩弧焊时电源极性的选择：熔化极氩弧焊一律采用直流反接。因为铝及铝合金易氧化，表面总会有氧化膜，焊接过程中也应注意清除。当采用直流反接时，工件为阴极，质量较大的正离子向工件运动，撞击工件表面，将氧化膜撞碎，具有阴极破碎作用。

【鉴定点分布】 相关知识→焊接→有色金属的焊接→铝及铝合金的焊接性→焊接工艺→电源极性。

46. 在钨极氩弧焊焊接过程中检查阴极破碎作用时，熔化点周围呈乳白色，即（　　）。

A. 有焊缝夹钨现象　　　　　　　B. 表明气流保护不好

C. 说明电弧不稳定　　　　　　　D. 有阴极破碎作用

【解析】 答案：D

本题主要考核如何检查阴极破碎作用：钨极氩弧焊焊前应检查阴极破碎作用，即引燃电弧后，电弧在工件上面垂直不动，熔化点周围呈乳白色，即有阴极破碎作用。

【鉴定点分布】 相关知识→焊接→有色金属的焊接→铝及铝合金的焊接性→焊接工艺→焊接操作。

47. 铜锌合金是（　　）。

A. 白铜　　　　B. 纯铜　　　　C. 黄铜　　　　D. 红铜

【解析】 答案：C

本题主要考核铜锌合金的属性：黄铜是铜和锌的合金，它的颜色随含锌量的增加由黄红色变成淡黄色。

【鉴定点分布】 相关知识→焊接→有色金属的焊接→铜及其合金的焊接→铜及其合金的分类及性能→黄铜。

48. 黄铜的（　　）比纯铜差。

A. 强度　　　　B. 硬度　　　　C. 耐腐蚀性　　　　D. 导电性

【解析】 答案：D

本题主要考核黄铜的性能：通过比较纯铜与黄铜的力学及物理性能，可知黄铜的导电性比纯铜差，但强度、硬度和耐腐蚀性都比纯铜高，能承受冷加工和热加工，价格比纯铜便宜，因此广泛用来制造各种结构零件，如散热器、冷凝器管道、船舶零件、汽车和拖拉机零件、齿轮、垫圈、弹簧、各种螺钉等。

【鉴定点分布】 相关知识→焊接→有色金属的焊接→铜及其合金的焊接→铜及其合

金的分类及性能→黄铜。

49.纯铜焊接时产生的裂纹为（　　）。

　　A.再热裂纹　　B.冷裂纹　　C.层状撕裂　　D.热裂纹

【解析】答案：D

本题主要考核纯铜焊接时产生裂纹的属性：由于纯铜的线胀系数和收缩率较大，而且导热性好，热影响区较宽，使得焊接应力较大。另外，在熔池结晶过程中，晶界易形成低熔点的氧化亚铜—铜的共晶物。同时，母材金属中的铋、铅等低熔点杂质也易在晶界上形成偏析。综上原因，焊缝容易形成热裂纹。

【鉴定点分布】相关知识→焊接→有色金属的焊接→铜及其合金的焊接→铜及其合金的焊接性→纯铜的焊接性。

50.黄铜焊接时，由于锌的蒸发，不会（　　）。

　　A.改变焊缝的化学成分　　　　B.使焊接操作困难

　　C.提高焊接接头的力学性能　　D.影响焊工的身体健康

【解析】答案：C

本题主要考核黄铜焊接时，由于锌的蒸发造成的影响：黄铜焊接时除了具有纯铜焊接时所存在的问题以外，还有一个问题，就是锌的蒸发。锌的熔点为420℃，燃点为906℃，所以在焊接过程中锌极易蒸发，在焊接区形成锌的白色烟雾。锌的蒸发不但改变了焊缝的化学成分，降低焊接接头的力学性能，使操作困难，而且锌蒸气是有毒气体，直接影响焊工的身体健康。

【鉴定点分布】相关知识→焊接→有色金属的焊接→铜及其合金的焊接→铜及其合金的焊接性→黄铜的焊接性。

51.下列选项中（　　）不是工业纯钛所具有的优点。

　　A.耐腐蚀　　B.硬度高　　C.焊接性好　　D.易于成型

【解析】答案：B

本题主要考核工业纯钛所具有的优点：工业纯钛由于塑性和韧性好、耐腐蚀、焊接性好、易于成型等优点，在化学工业等领域得到广泛应用。

【鉴定点分布】相关知识→焊接→有色金属的焊接→钛及钛合金的焊接性→钛及钛合金的分类和性能→钛及钛合金的性能。

52.焊接钛及钛合金最容易出现的焊接缺陷是（　　）。

　　A.夹渣和热裂纹　　　　B.未熔合和未焊透

　　C.烧穿和塌陷　　　　　D.气孔和冷裂纹

【解析】答案：D

本题主要考核钛及钛合金最容易出现的焊接缺陷，包括以下几点：

（1）容易沾污，引起脆化。钛是一种活性金属，常温下能与氧生成致密的氧化膜而保持高的稳定性和耐腐蚀性，540℃以上生成的氧化膜则不致密。高温下钛与氧、氢、氮反应速度较快，钛在300℃以上能快速吸氢，600℃以上快速吸氧，700℃以上快速吸氮。焊接时如保护不好，焊缝中含有较多的氧、氢、氮，会使焊缝金属和高温近缝区的塑性下降，特别是冲击韧度大大降低，引起脆化。

（2）裂纹。由于钛及钛合金中硫、磷、碳等杂质很少，低熔点共晶物很难在晶界出现，有效结晶温度区间窄，而且焊缝金属凝固时收缩量小，如焊丝质量好、杂质少时则很少出现热裂纹。焊接时保护不良会出现热应力裂纹和冷裂纹。钛合金焊接时，热影响区氢含量增加及存在不利的应力状态，则会引起延迟裂纹。

（3）气孔。气孔是钛及钛合金焊接时最常见的焊接缺陷。原则上气孔可以分为两类，即焊缝中部气孔和熔合线气孔。气孔导致焊接接头疲劳强度降低。

【鉴定点分布】相关知识→焊接→有色金属的焊接→钛及钛合金的焊接性。

53. 不能采用（　　）焊接钛及钛合金。

　　A. 惰性气体保护　　　　　　　B. 真空保护

　　C. 在氩气箱中　　　　　　　　D. CO_2 气体保护

【解析】答案：D

本题主要考核钛及钛合金焊接应采用哪种方法保护：钛是一种活性金属，常温下能与氧生成致密的氧化膜，从而保持高的稳定性和耐腐蚀性，540℃以上生成的氧化膜则不致密。高温下钛与氧、氢、氮反应速度较快，钛在300℃以上能快速吸氢，600℃以上快速吸氧，700℃以上快速吸氮。熔化焊时需要用惰性气体或真空保护，焊接时甚至要求背面充氩气保护或在氩气箱中进行焊接。

【鉴定点分布】相关知识→焊接→有色金属的焊接→钛及钛合金的焊接性→焊接工艺→氩气保护装置。

54. 为了得到优质焊接接头，钛及钛合金氩弧焊的关键是对400℃以上区域的保护，所需特殊保护措施中没有（　　）。

　　A. 采用喷嘴加拖罩

　　B. 在充氩或充氩—氦混合气的箱内焊接

　　C. 焊件背面采用充氩保护装置

　　D. 在充 CO_2 或氩＋CO_2 混合气的箱内焊接

【解析】答案：D

本题主要考核钛及钛合金氩弧焊对400℃以上区域的保护措施：为了得到优质焊接接头，钛及钛合金氩弧焊的关键是对400℃以上区域的保护，因此需要用特殊的保护装置，如：

（1）采用大直径的喷嘴。一般喷嘴直径取 16～18 mm，喷嘴到工件距离应小些。也可以采用双层气流保护的焊枪。

（2）喷嘴加拖罩。对于厚度大于 0.5 mm 的焊件来说，喷嘴已不足以保护焊缝和近缝区高温金属，需加拖罩，为便于操作，拖罩和喷嘴一般做成一体。氩气从拖罩中喷出，用以保护焊接高温区域，拖罩的尺寸可根据焊缝形状、焊件尺寸和操作方法确定。

（3）背面保护。焊件背面采用充氩保护装置。

（4）箱内焊接。结构复杂的焊件由于难以实现良好的保护，宜在充氩或充氩—氦混合气的箱内焊接。

【鉴定点分布】 相关知识→焊接→有色金属的焊接→钛及钛合金的焊接性→焊接工艺→氩气保护装置。

55.（　　）焊接时容易出现的问题是焊缝金属的稀释、过渡层和扩散层的形成及焊接接头高应力状态。

　　A. 珠光体耐热钢　　　　　　　　　B. 奥氏体不锈钢

　　C. 16Mn 和 Q345 钢　　　　　　　D. 珠光体钢和奥氏体不锈钢

【解析】 答案：D

本题主要考核哪种金属间的焊接会出现的问题是焊缝金属的稀释、过渡层和扩散层的形成及焊接接头高应力状态：珠光体钢与奥氏体不锈钢焊接是异种钢焊接，只有异种钢焊接才会出现焊缝金属的稀释、过渡层和扩散层的形成及焊接接头高应力状态。

【鉴定点分布】 相关知识→焊接→异种金属的焊接→异种金属的焊接性。

56. 珠光体钢和奥氏体不锈钢焊接，选择奥氏体不锈钢焊条作填充材料时，由于熔化的珠光体钢母材的稀释作用，可能使焊缝金属出现（　　）组织。

　　A. 奥氏体　　　　B. 渗碳体　　　　C. 马氏体　　　　D. 珠光体

【解析】 答案：C

本题主要考核异种金属焊接可能使焊缝金属出现的组织：当采用奥氏体不锈钢作填充材料时，熔化的珠光体钢母材和填充材料成分相差悬殊，又不能充分相互混合，所以越靠近熔合线，珠光体钢母材成分所占的比例越大，也就是被稀释越严重。靠近珠光体钢熔合线的这部分被稀释的焊缝金属称为过渡层，它介于珠光体钢母材和奥氏体不锈钢焊缝之间，一般宽度为 0.2～0.6 mm，为马氏体区。当马氏体区较宽时，会显著降低焊接接头的韧性，使用过程中容易出现局部脆性破坏。因此，当工作条件要求接头的冲击韧度较高时，应选用含奥氏体化元素镍含量较高的填充材料。

【鉴定点分布】 相关知识→焊接→异种金属的焊接→异种金属的焊接性→过渡层的

形成。

57. 焊接异种钢时，（　　）电弧搅拌作用强烈，形成的过渡层比较均匀，但需注意限制线能量，控制熔合比。

  A. 焊条电弧焊　　　　　　　　B. 熔化极气体保护焊

  C. 不熔化极气体保护焊　　　　D. 埋弧焊

【解析】答案：D

  本题主要考核异种金属焊接方法对过渡层的影响：埋弧焊则需注意限制线能量，控制熔合比，由于埋弧焊电弧搅拌作用强烈，高温停留时间长，形成的过渡层比较均匀。

【鉴定点分布】相关知识→焊接→异种金属的焊接→奥氏体不锈钢与珠光体钢的焊接→焊接方法的选择。

58. 生产中采用E309－16和E309－15焊条焊接珠光体钢和奥氏体不锈钢时，熔合比控制在（　　），才能得到抗裂性能好的奥氏体＋铁素体焊缝组织。

  A. 3%～7%　　B. 50%以下　　C. 2.11%以下　　D. 40%以下

【解析】答案：D

  本题主要考核异种金属焊接时焊接材料、熔合比与焊缝组织的关系：生产中采用E309－16和E309－15焊条焊接时，只要把母材金属的熔合比控制在40%以下，就能得到具有较高抗裂性能的奥氏体＋铁素体组织，所以在生产中应用广泛。

【鉴定点分布】相关知识→焊接→异种金属的焊接→奥氏体不锈钢与珠光体钢的焊接→焊接材料。

59. 珠光体钢和奥氏体不锈钢采用E309－15焊条对接焊时，操作中应该特别注意减小（　　）。

  A. 热影响区的宽度　　　　　　B. 焊缝的余高

  C. 焊缝成形系数　　　　　　　D. 珠光体钢熔化量

【解析】答案：D

  本题主要考核珠光体钢和奥氏体不锈钢采用E309－15焊条对接焊时，焊接操作技术的使用：采用小电流、多层多道快速焊接，在珠光体钢一侧，电弧应采用短弧，停留时间要短，角度要合适，以达到减小珠光体钢熔化量的目的。

【鉴定点分布】相关知识→焊接→异种金属的焊接→奥氏体不锈钢与珠光体钢的焊接→操作技术→焊接工艺参数。

60. 选用25－13型焊接材料，进行珠光体钢和奥氏体不锈钢厚板对接焊时，可先在（　　）的方法堆焊过渡层。

A. 奥氏体不锈钢的坡口上，采用单道焊

B. 奥氏体不锈钢的坡口上，采用多层多道焊

C. 珠光体钢的坡口上，采用单道焊

D. 珠光体钢的坡口上，采用多层多道焊

【解析】答案：D

本题主要考核珠光体钢和奥氏体不锈钢厚板对接焊时，焊接操作技术的使用：可先在珠光体钢的坡口上用 25—13 型焊接材料，采用多层多道焊的方法，堆焊过渡层，然后再用普通奥氏体不锈钢焊接材料进行焊接。

【鉴定点分布】相关知识→焊接→异种金属的焊接→奥氏体不锈钢与珠光体钢的焊接→操作技术→采用隔离层焊接法。

61. 不锈钢复合板的复层接触工作介质，主要保证耐腐蚀性，（　　）靠基层获得。

A. 硬度　　　　　B. 塑性　　　　　C. 韧性　　　　　D. 强度

【解析】答案：D

本题主要考核不锈钢复合板的特性：不锈复合钢板是一种新型材料，它是由较薄的复层（常用 1Cr18Ni9Ti、Cr18Ni12Ti、Cr17Ni13Mo2Ti、0Cr13 等不锈钢）和较厚的基层（常用 Q235、Q345、12CrMo 等珠光体钢）复合轧制而成的双金属板。复层通常只有 1.5～3 mm 厚，它与工作介质相接触，主要保证耐腐蚀性，强度靠基层获得。

【鉴定点分布】相关知识→焊接→异种金属的焊接→奥氏体不锈钢与珠光体钢的焊接→操作技术→不锈钢复合板的焊接。

62. 由于铁液在重力作用下产生下垂，因此钢板对接仰焊时极易（　　）。

A. 在焊缝背面产生烧穿，焊缝正面产生下凹

B. 在焊缝正面产生烧穿，焊缝背面产生下凹

C. 在焊缝背面产生焊瘤，焊缝正面产生下凹

D. 在焊缝正面产生焊瘤，焊缝背面产生下凹

【解析】答案：D

本题主要考核焊条电弧焊板对接仰焊时极易出现的问题：钢板对接仰焊时，由于熔池在高温下的表面张力小，铁液在重力作用下产生下垂，极易在焊缝正面产生焊瘤或两侧夹角，焊缝背面产生下凹。

【鉴定点分布】相关知识→焊接→焊条电弧焊技术→板对接仰焊焊前准备→操作要点和注意事项。

63. 管子水平固定位置向上焊接，一般起焊分别从相当于（　　）位置收弧。

A. "时钟 3 点"起，"时钟 9 点"　　　B. "时钟 12 点"起，"时钟 12 点"

C. "时钟12点"起，"时钟6点"　　D. "时钟6点"起，"时钟12点"

【解析】答案：D

本题主要考核焊条电弧焊对接管水平固定焊起焊的位置：管子水平固定位置焊接分两个半圆进行。右半圆由管道截面相当于"时钟6点"位置（仰焊）起，经相当于"时钟3点"位置（立焊）到相当于"时钟12点"位置（平焊）收弧；左半圆由相当于"时钟6点"位置（仰焊）起，经相当于"时钟9点"位置（立焊）到相当于"时钟12点"位置（平焊）收弧。焊接顺序是先焊右半周，后焊左半周。焊接时，焊条的角度随着焊接位置变化而变换。

【鉴定点分布】相关知识→焊接→焊条电弧焊技术→对接管水平固定→向上焊。

64. 数控气割机自动切割前必须（　　）。

　　A. 铺好轨道　　B. 提供指令　　C. 划好图样　　D. 做好样板

【解析】答案：B

本题主要考核什么是数控气割机：所谓数控，就是指用于控制机床或设备的工作指令（或程序）是以数字形式给定的一种新的控制方式。将这种指令提供给数控自动气割机的控制装置时，气割机就能按照给定的程序自动地进行切割。

【鉴定点分布】相关知识→焊接→气割机→数控气割机→工作原理。

65. 气割机的使用、维护、保养和检修必须由（　　）负责。

　　A. 气割工　　B. 专人　　C. 焊工　　D. 电工

【解析】答案：B

本题主要考核气割机的使用、维护、保养和检修必须由谁负责：气割机必须由专人负责使用、维护和保养，并定期进行检修，使气割机保持完好状态。

【鉴定点分布】相关知识→焊接→气割机→气割机切割的安全操作注意事项。

66. 锅炉压力容器是生产和生活中广泛使用的、有（　　）危险的承压设备。

　　A. 火灾　　B. 断裂　　C. 塌陷　　D. 爆炸

【解析】答案：D

本题主要考核锅炉压力容器是什么样的承压设备：锅炉压力容器是生产和生活中广泛使用的、有爆炸危险的承压设备。

【鉴定点分布】相关知识→焊接→典型容器和结构的焊接→锅炉与压力容器的基本知识→锅炉压力容器特点。

67. 锅炉铭牌上标出的温度是指锅炉输出介质的最高工作温度，又称（　　）温度。

　　A. 计算　　B. 最低　　C. 额定　　D. 设计

【解析】答案：C

本题主要考核锅炉铭牌上标出的温度的含义：锅炉铭牌上标出的温度是摄氏温度（℃），它是指锅炉输出介质的最高工作温度，又称额定温度。

【鉴定点分布】相关知识→焊接→典型容器和结构的焊接→锅炉与压力容器的基本知识→锅炉基本知识。

68. 设计压力为（　　）的压力容器属于高压容器。

  A. 10 MPa$<p<$100 MPa   B. 10 MPa$\leqslant p<$100 MPa

  C. 10 MPa$<p\leqslant$100 MPa   D. 10 MPa$\leqslant p\leqslant$100 MPa

【解析】答案：B

本题主要考核压力容器分类的知识：按容器的设计压力等级分类，根据容器的设计压力（p），分为低压、中压、高压、超高压四类，具体划分如下：（1）低压容器 0.1 MPa$\leqslant p<$1.6 MPa；（2）中压容器 1.6 MPa$\leqslant p<$10 MPa；（3）高压容器 10 MPa$\leqslant p<$100 MPa；（4）超高压容器 $p>$100 MPa。

【鉴定点分布】相关知识→焊接→典型容器和结构的焊接→锅炉与压力容器的基本知识→压力容器的基本知识→压力容器分类。

69. 移动式压力容器，包括铁路罐车、罐式汽车等为《容规》适用范围内的（　　）压力容器之一。

  A. 第二类   B. 第四类   C. 第一类   D. 第三类

【解析】答案：D

本题主要考核移动式压力容器，包括铁路罐车、罐式汽车等为《容规》适用范围内的第几类压力容器：《容规》，即特种设备安全技术规范《固定式压力容器安全技术监察规程》（TSG R0004—2009），其分类法为了有利于安全技术监督和管理，将《容规》适用范围内的压力容器划分为三类。移动式压力容器，包括铁路罐车（介质为液化气体、低温液体）、罐式汽车［液化气体运输（半挂）车、低温液体运输（半挂）车、永久气体运输（半挂）车］和罐式集装箱（介质为液化气体、低温液体）等为第三类压力容器。

【鉴定点分布】相关知识→焊接→典型容器和结构的焊接→锅炉与压力容器的基本知识→压力容器基本知识→压力容器分类。

70. 焊接压力容器的焊工必须进行考试，取得（　　）后，才能在有效期间内担任合格项目范围内的焊接工作。

  A. 焊工技师证   B. 锅炉压力容器焊工合格证

  C. 高级焊工证   D. 锅炉压力容器无损检测资格证

【解析】答案：B

本题主要考核压力容器焊接对焊工的要求：焊接压力容器的焊工，必须按照《锅炉压力容器焊工考试规则》进行考试，取得焊工合格证后，才能在有效期间内担任合格项目范围内的焊接工作。焊工应按焊接工艺指导书或焊接工艺卡施焊，制造单位应建立焊工技术档案。（目前特种设备安全技术规范《特种设备焊接操作人员考核细则》（TSG Z6002—2010）已取代《锅炉压力容器焊工考试规则》）

【鉴定点分布】相关知识→焊接→典型容器和结构的焊接→典型容器的焊接→压力容器的焊接→对焊工的要求。

71. 压力容器相邻两筒节间的纵缝应错开，其焊缝中心线之间的外圆弧长一般应大于（ ），且不小于100 mm。

    A. 筒体厚度的3倍　　　　　　　B. 焊缝宽度的3倍

    C. 筒体厚度的2倍　　　　　　　D. 焊缝宽度的2倍

【解析】答案：A

本题主要考核压力容器组焊的要求：压力容器组焊的要求规定，相邻两筒节间的纵缝和封头拼接焊缝与相邻筒节的纵缝应错开，其焊缝中心线之间的外圆弧长一般应大于筒体厚度的3倍，且不小于100 mm。

【鉴定点分布】相关知识→焊接→典型容器和结构的焊接→典型容器的焊接→压力容器的焊接→压力容器的组焊要求。

72. 工作时承受弯曲的杆件叫作（ ）。

    A. 柱　　　　　　B. 板　　　　　　C. 梁　　　　　　D. 管

【解析】答案：C

本题主要考核工作时承受弯曲的杆件叫什么：工作时承受弯曲的杆件叫作梁。梁广泛应用于工程结构和机器的支撑架，如房屋建筑中的吊车梁、楼盖梁、工作平台梁等。梁可能是整个结构中的一根杆件，也可能是独立承载的构件和结构，它是结构中不可缺少的重要部分。

【鉴定点分布】相关知识→焊接→典型容器和结构的焊接→一般结构焊接→什么是梁。

73. 为了保证梁的稳定性，常需设置肋板，肋板的设置根据（ ）而定。

    A. 翼板的宽度　　B. 翼板的厚度　　C. 梁的长度　　　D. 梁的高度

【解析】答案：D

本题主要考核梁的肋板的设置根据什么而定：梁的腹板厚度通常根据强度计算，一般比较薄。为了保证梁的稳定性，常需设置肋板，肋板的设置根据梁的高度而定。

【鉴定点分布】相关知识→焊接→典型容器和结构的焊接→一般结构焊接→梁的焊接。

74. 焊接铝合金时，（　　）不是防止热裂纹的主要措施。

　　A. 预热　　　　　　　　　　B. 采用小的焊接电流

　　C. 合理选用焊丝　　　　　　D. 采用氩气保护

【解析】答案：D

本题主要考核铝合金焊接时防止热裂纹的措施，具体如下：

（1）合理选用焊丝。如焊接除铝镁合金以外的其他各种铝合金时，可选用 HS311，它是约含5％硅的铝硅合金焊丝，焊接时可产生较多的低熔点共晶，流动性好，对裂纹起到"愈合"作用，所以具有优良的热裂纹能力。但用来焊接铝镁合金时，在焊缝中会生成脆性的 Mg_2Si，使接头的塑性和耐腐蚀性降低。焊接铝镁合金时应选用 HS331，它是含少量 Ti 的铝镁合金焊丝，具有较好的耐腐蚀及抗热裂性能。

（2）合理的焊接工艺。选用热量集中的焊接方法，如钨极氩弧焊；采用小的焊接电流；焊接板厚超过 10 mm 的焊件或重要结构定位焊时，采用预热措施，一般预热温度控制在 $200\sim250℃$ 之间；多层焊时，层间温度不低于预热温度。

（3）焊前预热。可以防止产生变形、热裂纹、未焊透、气孔等缺陷。

【鉴定点分布】相关知识→焊后检查→焊接缺陷分析→特殊材料焊接缺陷→铝及其合金焊接缺陷→热裂纹。

75. 防止压力容器焊接时产生冷裂纹的措施中不包括（　　）。

　　A. 预热　　　　B. 后热　　　　C. 烘干焊条　　　　D. 填满弧坑

【解析】答案：D

本题主要考核压力容器焊接时防止冷裂纹的措施，具体如下：

（1）选用低氢型焊条，并按规定严格进行烘干；仔细清理坡口及其两侧的油、锈及水分，以减少带入焊缝中氢的含量。

（2）选择合理的焊接工艺，正确选择焊接工艺参数，通过预热、缓冷、保持层间温度、后热以及焊后热处理等措施，改善焊缝及热影响区的组织。

（3）改善结构的应力状态，采用合理的焊接顺序和方法，以降低焊接应力。

【鉴定点分布】相关知识→焊后检查→焊接缺陷分析→典型容器和结构的缺陷→压力容器焊接缺陷→冷裂纹。

76. 在多层高压容器环焊缝的半熔化区产生带尾巴、形状似蝌蚪的气孔，这是由于（　　）所造成的。

　　A. 焊接材料中的硫、磷含量高　　　B. 采用了较大的焊接线能量

　　C. 操作时焊条角度不正确　　　　　D. 层板间有油、锈等杂物

【解析】答案：D

本题主要考核多层高压容器环焊缝焊接时，在半熔化区产生带尾巴、形状似蝌蚪

气孔的原因：在多层高压容器焊接中，由于层板间有油、锈等杂物，在坡口面堆焊时易产生气孔。堆焊层正处在环缝的半熔合区，在焊接环焊缝时，堆焊层内的气孔可能处于熔化或半熔化状态，所以环焊缝的 X 光底片上，在环焊缝的半熔合区产生带尾巴的气孔，形状似蝌蚪。这也是多层高压容器环焊缝所特有的缺陷。为此，焊接前一定要认真清理坡口及层间杂质，焊条、焊剂要严格烘干，正确选择焊接工艺参数，对板厚的容器要进行预热，并保持层间温度，以减慢冷却速度，保证气泡的逸出。

【鉴定点分布】 相关知识→焊后检查→焊接缺陷分析→典型容器和结构的缺陷→压力容器焊接缺陷→气孔。

77. 水压试验的试验压力一般为工作压力的（　　）倍。

　　A. 1.25～1.5　　B. 1.5～2　　　　C. 2～3　　　　D. 3～4

【解析】 答案：A

本题主要考核水压试验的试验压力是工作压力的几倍：试验压力一般为工作压力的 1.25～1.5 倍。

【鉴定点分布】 相关知识→焊后检查→焊接检验→水压试验的方法。

78. 进行水压试验时，当压力达到试验压力后，根据（　　），要恒压一定时间，一般为 5～30 min，观察是否有落压现象。

　　A. 压力容器材料　　　　　　　B. 内部介质性质

　　C. 现场环境温度　　　　　　　D. 不同技术要求

【解析】 答案：D

本题主要考核水压试验时，当压力达到试验压力后，根据何种原因要恒压一定时间：当压力达到试验压力后，根据不同技术要求，要恒压一定时间，一般为 5～30 min（如给水管道为 10 min，球罐为 30 min），观察是否有落压现象，没有落压则容器为合格。然后把压力缓慢降至工作压力，同时对焊缝进行仔细检查。若发现焊缝有水珠或潮湿时，表示该焊缝处不严密，应标注出来，待卸压后返修处理。

【鉴定点分布】 相关知识→焊后检查→焊接检验→水压试验的方法。

79. （　　）包括荧光探伤和着色探伤两种方法。

　　A. 超声波探伤　　B. X 射线探伤　　C. 磁力探伤　　D. 渗透探伤

【解析】 答案：D

本题主要考核渗透探伤的方式有哪几种：渗透探伤是利用某些液体的渗透性等物理特性来发现及显示缺陷的。它可用来检查铁磁性和非铁磁性材料的表面缺陷。随着化学工业的发展，渗透探伤的灵敏度大大提高，因此使得渗透探伤得到更广泛的应用。渗透探伤包括荧光探伤和着色探伤两种方法。

【鉴定点分布】 相关知识→焊后检查→焊接检验→渗透法试验。

80. 荧光探伤用来发现各种焊接接头的表面缺陷，常作为（　　）的检查方法。

    A. 大型压力容器　　　　　　　　　　B. 小型焊接结构

    C. 磁性材料工件　　　　　　　　　　D. 非磁性材料工件

【解析】答案：D

本题主要考核荧光探伤的知识：荧光探伤是一种利用紫外线照射某些荧光物质，使其产生荧光的特性来检查表面缺陷的方法，常作为非磁性材料工件的检查方法。

【鉴定点分布】相关知识→焊后检查→焊接检验→渗透法试验→荧光探伤。

二、判断题（第81～100题，将判断结果填入括号中，正确的填"√"，错误的填"×"，每题1分，满分20分）

81.（　　）在机械制图中，物体的水平投影称为主视图。

【解析】答案：×

本题主要考核物体的水平投影叫什么：在机械制图中，通常把人的视线当作互相平行的投射线，物体的正面投影称为主视图，物体的水平投影称为俯视图，物体的侧面投影称为左视图（或侧视图）。

【鉴定点分布】基本要求→基础知识→识图知识→投影的基本原理→三视图的概念及形成。

82.（　　）渗碳体是铁和碳的化合物，分子式为 Fe_2C，其性能硬而脆。

【解析】答案：×

本题主要考核什么是渗碳体：渗碳体是铁和碳的化合物，分子式是 Fe_3C。其性能与铁素体相反，硬而脆，随着钢中含碳量的增加，钢中渗碳体的量也增多，钢的硬度、强度也增加，而塑性、韧性则下降。

【鉴定点分布】基本要求→基础知识→金属热处理与金属材料→金属及热处理知识→铁碳合金的基本组织→渗碳体。

83.（　　）奥氏体是碳和其他合金元素在 α—铁中的过饱和固溶体，它的一个特点是无磁性。

【解析】答案：×

本题主要考核什么是奥氏体：奥氏体是碳和其他合金元素在 γ—铁中的固溶体。在一般钢材中，只有在高温时存在。奥氏体为面心立方晶格，奥氏体的强度和硬度不高，塑性和韧性很好。奥氏体的另一特点是没有磁性。

【鉴定点分布】基本要求→基础知识→金属热处理与金属材料→金属及热处理知识→铁碳合金的基本组织→奥氏体。

84.（　）钢和铸铁都是铁碳合金，含碳量小于2.11％的铁碳合金称为铸铁。

【解析】答案：×

本题主要考核是否含碳量小于2.11％的铁碳合金称为铸铁：钢和铸铁都是铁碳合金，含碳量小于2.11％的铁碳合金称为钢，含碳量为2.11％～6.67％的铁碳合金称为铸铁。

【鉴定点分布】基本要求→基础知识→金属热处理与金属材料→金属及热处理知识→铁—碳平衡状态图的构造及应用。

85.（　）常用的16Mn钢是牌号为Q235的低合金高强度钢。

【解析】答案：×

本题主要考核合金钢的分类及牌号表示方法的知识：Q235为碳素结构钢，常用的16Mn钢是牌号为Q345的低合金高强度钢。

【鉴定点分布】基本要求→基础知识→金属热处理与金属材料→常用金属材料基本知识→合金钢的分类及牌号表示方法。

86.（　）如果电流的方向和大小都不随时间变化，就是脉动直流电流。

【解析】答案：×

本题主要考核直流电的几种形式：凡方向不随时间变化的电流就是直流电流；如果电流的方向和大小都不随时间变化，就是恒定直流电流；如果电流方向不变而大小随时间变化，就是脉动直流电流。

【鉴定点分布】基本要求→基础知识→电工基本知识→直流电与电磁的基本知识→直流电的概念。

87.（　）在一段无源电路中，电流的大小与电阻两端的电压成反比，而与电阻成正比，这就是部分电路的欧姆定律。

【解析】答案：×

本题主要考核欧姆定律的知识：由部分电路欧姆定律可知，I（电流）＝U（电压）/R（电阻），电流的大小与电阻两端的电压成正比，而与电阻成反比。

【鉴定点分布】基本要求→基础知识→电工基本知识→直流电与电磁的基本知识→部分电路欧姆定律的应用。

88.（　）仰焊时，为了防止火星、熔渣造成灼伤，焊工可用塑料的披肩、长套袖、围裙和脚盖等。

【解析】答案：×

本题主要考核仰焊时，为了防止火星、熔渣造成灼伤，焊工可用塑料的披肩、长套袖、围裙和脚盖等是否正确：仰焊或切割时，为了防止火星、熔渣溅到面部或额部造成灼伤，焊工可用石棉物的披肩、长袖套、围裙和鞋盖进行防护。

【鉴定点分布】基本要求→基础知识→安全保护和环境保护知识→焊接劳动保护知识→焊接劳动保护措施→个人防护措施→防护服。

89. （ ）电焊钳应检查导磁性、隔热性、夹持焊条的牢固性和耐腐蚀性。

【解析】答案：×

本题主要考核电焊钳应检查导磁性、隔热性、夹持焊条的牢固性和耐腐蚀性是否正确：应检查焊钳的导电性、隔热性，夹持焊条要牢固，装换焊条要方便。

【鉴定点分布】相关知识→焊前准备→劳动保护准备及安全检查→场地设备及工具、夹具的安全检查→工具、夹具的安全检查→电焊钳。

90. （ ）采用气焊或氩弧焊焊接铜及铜合金时应该选用不同成分的焊丝。

【解析】答案：×

本题主要考核气焊或氩弧焊焊接铜及铜合金时是否应该选用不同成分的焊丝：一般来说，铜及铜合金气焊或氩弧焊时应选相同成分的焊丝。

【鉴定点分布】相关知识→焊前准备→焊接材料准备→有色金属焊接材料→铜及铜合金焊丝。

91. （ ）斜 Y 型坡口对接裂纹试验的试件坡口加工可采用气割完成。

【解析】答案：×

本题主要考核斜 Y 型坡口对接裂纹试验的试件坡口加工采用气割完成是否正确：国家标准《焊接性试验 斜 Y 型坡口焊接裂纹试验方法》（GB/T 4675.1—1984）附录 A 中 A.2.2 条规定，为避免试件间隙波动以及气割表面硬化层问题，试件的坡口应采用机械切削加工。

【鉴定点分布】相关知识→焊接→焊接接头试验→焊接性试验→试件制备→坡口表面加工。

92. （ ）灰铸铁焊补时，由于灰铸铁本身强度低，塑性极差，焊接时加热不均匀，因此容易产生白口铸铁组织。

【解析】答案：×

本题主要考核灰铸铁焊补时，由于灰铸铁本身强度低，塑性极差，焊接时加热不均匀，因此容易产生白口铸铁组织是否正确：灰铸铁在焊补时，由于石墨化元素不足和冷却速度快，焊缝和半熔化区容易产生 Fe_3C 而生成白口铸铁组织，很难进行机械加工。而且形成白口铸铁时会产生应力，很容易引起裂纹。

【鉴定点分布】相关知识→焊接→铸铁焊接→灰铸铁的焊接→焊接性。

93. （ ）铸铁的细丝 CO_2 气体保护焊不利于减少半熔化区白口铸铁组织。

【解析】答案：×

本题主要考核铸铁的细丝 CO_2 气体保护焊不利于减少半熔化区白口铸铁组织是否正确：细丝（$\phi0.8$ mm）CO_2 气体保护焊采用小电流、低电压的短路过渡形式，母材熔深浅，焊道窄，并且由于气流的冷却作用，热影响区窄。CO_2 气体有一定的氧化性，可烧损焊缝中的碳。因此，细丝 CO_2 焊有利于减少裂纹和半熔化区白口铸铁组织，多层焊时效果更好。

【鉴定点分布】相关知识→焊接→铸铁焊接→灰铸铁的焊接→其他焊补方法→细丝 CO_2 焊。

94.（　）焊接异种钢时，选择焊接方法的着眼点是应该尽量减小熔合比，特别是要尽量减少奥氏体不锈钢的熔化量。

【解析】答案：×

本题主要考核焊接异种钢时，选择焊接方法的着眼点是应该尽量减小熔合比，特别是要尽量减少奥氏体不锈钢的熔化量是否正确：焊接异种钢时，选择焊接方法的着眼点是应该尽量减小熔合比，特别是要尽量减少珠光体钢的熔化量，以便抑制熔化的珠光体钢母材对奥氏体焊缝金属的稀释作用。

【鉴定点分布】相关知识→焊接→异种金属的焊接→奥氏体不锈钢与珠光体钢的焊接→焊接方法的选择。

95.（　）手工气割具有灵活、方便等优点，因此特别适用于大厚度的钢板以及需要预热的中、高碳钢和高合金钢的气割。

【解析】答案：×

本题主要考核气割机与手工气割的区别：手工气割具有设备简单，成本低，操作灵活、方便等优点。但其缺点是气割速度在整个气割过程中不能保持恒定，切割质量受到很大影响，同时焊工的劳动强度大，尤其是气割大厚度的钢板以及气割中、高碳钢和高合金钢等需要预热时，工人的劳动条件就更差。因此，为了提高气割速度和气割精度，减轻工人劳动强度，近几年来，随着电子技术的普遍应用，气割机有了许多新发展。

【鉴定点分布】相关知识→焊接→气割机。

96.（　）用于焊接压力容器主要受压元件的碳素钢和低合金钢，其含碳量应不大于 0.30%。

【解析】答案：×

本题主要考核用于焊接压力容器主要受压元件材料的要求：压力容器广泛采用的材料是碳素钢、低合金高强度钢、奥氏体不锈钢、有色金属及其合金等。用于焊接压力容器主要受压元件的碳素钢和低合金钢，其含碳量应不大于 0.25%。在特殊条下，如果选用含碳量超过 0.25％ 的钢材，应限定碳当量不大于 0.45％。

【鉴定点分布】相关知识→焊接→典型容器和结构的焊接→典型容器的焊接→压力容器的焊接→对压力容器材料的要求。

97.（　）工作时承受拉伸的杆件叫作柱。

【解析】答案：×

本题主要考核工作时承受拉伸的杆件叫作柱是否正确：工作时承受压缩的杆件叫作柱，承受弯曲（或拉伸）的杆件叫作梁。

【鉴定点分布】相关知识→焊接→典型容器和结构的焊接→一般结构焊接→梁的定义。

98.（　）焊接铸铁时，防止氢气孔的措施主要有利用石墨型药皮焊条、严格清理铸件坡口和焊丝表面、烘干焊条等。

【解析】答案：×

本题主要考核焊接铸铁时防止氢气孔的措施，具体如下：

（1）严格清理。焊前严格清理铸件坡口和焊丝，除去表面的油、水、锈、污垢等，可以用汽油或丙酮擦洗，铸件坡口也可以用气焊火焰烧烤，但温度应控制在 400℃ 以下。

（2）烘干焊条。焊条使用前要烘干，特别是碱性焊条和石墨型焊条。碱性焊条烘干温度为 350～400℃，保温 2 h；石墨型焊条烘干温度为 200℃，保温 1 h。

（3）采用直流反接。直流焊时采用反接极性，气孔倾向小。

【鉴定点分布】相关知识→焊后检查→焊接缺陷分析→特殊材料焊接缺陷→铸铁焊接缺陷→气孔防止措施→氢气孔。

99.（　）焊前预热，焊接时采用较大的线能量，用氧化焰气焊等是防止铜及铜合金焊接时产生热裂纹的主要措施。

【解析】答案：×

本题主要考核焊接铜及铜合金时防止产生热裂纹的措施，具体如下：

（1）控制焊丝的成分，如严格控制焊丝中铋、硫、铅等杂质的含量。焊丝中加入脱氧元素，如硅、锰、磷、锡等，防止生成低熔点共晶。

（2）焊前预热。大多数铜和铜合金焊前都需要预热，预热温度一般为 300～600℃，有的甚至更高；减小焊接应力。

（3）采用合理的焊接方法及工艺。选用氩弧焊方法以减少铜的氧化。气焊时加入气焊熔剂 CJ301 进行保护。有时可对焊缝进行热态或冷态的锤击，减小焊接应力。

【鉴定点分布】相关知识→焊后检查→焊接缺陷分析→特殊材料焊接缺陷→铜及铜合金焊接缺陷→热裂纹→热裂纹防止措施。

100.（　　）对于水压试验用的水温，低碳钢和 Q345 钢不低于 15℃。

【解析】答案：×

本题主要考核水压试验用的水温，低碳钢和 Q345 钢不低于 15℃是否正确：水压试验时，试验用的水温低碳钢和 Q345 钢应不低于 5℃，其他低合金钢应不低于 15℃。

【鉴定点分布】相关知识→焊后检查→焊接检验→水压试验的方法。

高级焊工理论知识考题真题试卷（二）及其详解

一、单项选择题（第1～80题。选择一个正确的答案，将相应的字母填入题内的括号中，每题1分，满分80分。）

1. 职业道德的意义中不包括（　　）。

A. 有利于推动社会主义物质文明建设和精神文明建设

B. 有利于行业、企业建设和发展

C. 有利于个人的提高和发展

D. 有利于社会体制改革

【解析】答案：D

本题主要考核职业道德的意义包括的内容，具体如下：

（1）有利于推动社会主义物质文明和精神文明建设。

（2）有利于行业、企业建设和发展。

（3）有利于个人的提高和发展。

【鉴定点分布】基本要求→职业道德→职业道德基本知识→职业道德的意义。

2.（　　）是企业在市场经济中赖以生存的依据。

A. 进度　　　　B. 信誉　　　　C. 低价格　　　　D. 公关

【解析】答案：B

本题主要考核企业在市场经济中赖以生存的依据：信誉是企业在市场经济中赖以生存的重要依据，而良好的产品质量和服务是企业信誉的基础。

【鉴定点分布】基本要求→职业道德→职业道德基本规范→诚实守信、办事公道。

3. 在机械制图中，俯视图是物体在投影面上的（　　）。

A. 水平投影　　B. 仰视投影　　C. 侧面投影　　D. 正面投影

【解析】答案：A

本题主要考核俯视图是物体在什么位置的投影：在机械制图中，通常把人的视线当作互相平行的投射线，物体的水平投影称为俯视图。

【鉴定点分布】基本要求→基础知识→识图知识→投影的基本原理→三视图的概念

及形成。

4. 读装配图的目的不包括了解（　　）。

    A. 零件之间的拆装顺序　　　　　　B. 各零件的传动路线

    C. 技术要求　　　　　　　　　　　D. 所有零件的尺寸

【解析】 答案：D

本题主要考核读装配图的目的：主要是了解机器或部件的名称、作用、工作原理；零件之间的相互位置、装配关系及拆装顺序；各零件的作用、结构特点、传动路线和技术要求等。

【鉴定点分布】 基本要求→基础知识→识图知识→简单装配图识图→读装配图的目的。

5. （　　）是碳和其他合金元素在 γ—铁中的固溶体。

    A. 铁素体　　　　B. 渗碳体　　　　C. 珠光体　　　　D. 奥氏体

【解析】 答案：D

本题主要考核铁碳合金的基本组织的知识：奥氏体是碳和其他合金元素在 γ—铁中的固溶体。在一般钢材中，只有在高温时存在。奥氏体为面心立方晶格，奥氏体的强度和硬度不高，塑性和韧性很好。奥氏体的另一特点是没有磁性。

【鉴定点分布】 基本要求→基础知识→金属热处理与金属材料→金属及热处理基本知识→合金的组织、结构及铁碳合金的基本组织→铁碳合金的基本组织。

6. 钢和铸铁都是铁碳合金，铸铁是含碳量（　　）的铁碳合金。

    A. 小于 2.11%　　　　　　　　　　B. 等于 2.11%～4.30%

    C. 大于 6.67%　　　　　　　　　　D. 等于 2.11%～6.67%

【解析】 答案：D

本题主要考核铸铁是含碳量为多少的铁碳合金：钢和铸铁都是铁碳合金，含碳量小于 2.11% 的铁碳合金称为钢，含碳量等于 2.11%～6.67% 的铁碳合金称为铸铁。

【鉴定点分布】 基本要求→基础知识→金属热处理与金属材料→金属及热处理基本知识→铁—碳平衡状态图的构造及应用。

7. 常用的 16Mn 钢是牌号为（　　）的低合金高强度钢。

    A. Q235　　　　B. Q345　　　　C. Q390　　　　D. Q420

【解析】 答案：B

本题主要考核低合金高强度结构钢牌号的表示方法：由新、旧低合金高强度钢标准牌号对照表可知，常用的 16Mn 钢是牌号为 Q345 的低合金高强度钢。

【鉴定点分布】 基本要求→基础知识→金属热处理与金属材料→常用金属材料基本

知识→合金钢的分类及牌号表示方法→低合金高强度结构钢。

8. 产品使用了低合金结构钢并不能大大地（　　　）。

　　A. 减轻质量　　　　　　　　　B. 提高产品质量

　　C. 延长使用寿命　　　　　　　D. 提高抗晶间腐蚀能力

【解析】答案：D

本题主要考核常用低合金结构钢的性能及用途的知识：许多重要产品，由于使用了低合金结构钢，不仅大大地节约了钢材，减轻了质量，同时也大大提高了产品的质量，延长使用寿命。

【鉴定点分布】基本要求→基础知识→金属热处理与金属材料→常用金属材料基本知识→常用低合金结构钢的成分、性能及用途。

9. 主要用于各种低温装置和在寒冷地区的一些工程结构，并保证在相应的低温下具有足够的低温韧性的钢是（　　　）。

　　A. 马氏体不锈钢　　　　　　　B. 珠光体耐热钢

　　C. 低合金高强度钢　　　　　　D. 低温钢

【解析】答案：D

本题主要考核低温钢应用的知识：低温钢必须保证在相应的低温下具有足够高的低温韧性，而对强度并无要求。这种钢大部分是一些含 Ni 的低碳低合金钢，常用的低温钢主要有 Q345、09Mn2V、06MnNb、2.5Ni、3.5Ni、9Ni 钢等。

【鉴定点分布】基本要求→基础知识→金属热处理与金属材料→常用金属材料基本知识→常用低合金结构钢的成分、性能及用途→专用钢→低温钢。

10. 并联电路中，总电阻值（　　　）各并联的电阻值，并联的电阻越多，电路中的总电流越大。

　　　A. 大于　　　　　B. 小于　　　　　C. 等于　　　　　D. 大于等于

【解析】答案：B

本题主要考核欧姆定律的知识：并联电路总电阻的倒数等于各电阻倒数之和，故并联电路中的总电阻值小于各并联的电阻值。并联电阻越多其总电阻值越小，电路中的总电流越大，而流过各电阻的电流不变，即负载并联时互相没有影响。

【鉴定点分布】基本要求→基础知识→电工基本知识→直流电与电磁的基本知识→部分电路欧姆定律的应用。

11. （　　　）叫作阴离子。

　　A. 带正电荷的质子　　　　　　B. 带正电荷的离子

　　C. 带负电荷的分子　　　　　　D. 带负电荷的离子

【解析】 答案：D

本题主要考核离子的知识：原子在外界条件作用下可以变成离子。离子有的带正电荷，有的带负电荷。带正电荷的叫作阳离子，如钠离子（Na^+）和铵根离子（NH_4^+）。带负电荷的离子叫作阴离子，如氯离子（Cl^-）和硝酸根离子（NO_3^-）等。离子所带电荷数取决于原子失去或得到电子的数目。

【鉴定点分布】 基本要求→基础知识→化学基本知识→原子结构→元素周期表基本知识→离子。

12. 电流对人体的伤害形式有电击、电伤及（　　　）。

　　A. 弧光辐射　　　　　　　　　　B. 噪声

　　C. 射线　　　　　　　　　　　　D. 电磁场生理伤害

【解析】 答案：D

本题主要考核电流对人体的伤害形式，具体如下：

（1）电击是指电流通过人体内部，破坏心脏、肺部及神经系统的功能。

（2）电伤是电流的热效应、化学效应或机械效应对人体的伤害，其中主要是间接或直接的电弧烧伤、熔化金属溅出烫伤等。

（3）电磁场生理伤害是指在高频电磁场的作用下，使人呈现头晕、乏力、记忆力减退、失眠和多梦等神经系统的症状。

【鉴定点分布】 基本要求→基础知识→安全保护和环境保护知识→安全用电知识→电流对人体的伤害形式。

13. 作业面积应不小于（　　　）m^2，才能满足焊工安全作业要求。

　　A. 4　　　　　　B. 5　　　　　　C. 6　　　　　　D. 7

【解析】 答案：A

本题主要考核焊工安全作业要求，作业面积应不小于多少平方米：检查焊工作业面积是否足够，焊工作业面积应不小于 4 m^2；地面应干燥；工作场地要有良好的自然采光或局部照明，以保证工作面照度达 50～100 lx。

【鉴定点分布】 相关知识→焊前准备→劳动保护准备及安全检查→场地设备及工具、夹具的安全检查→场地的安全检查→焊接场地检查的内容。

14. 切断焊接电源开关后才能进行的工作是（　　　）。

　　A. 敲渣　　　　　　　　　　　　B. 更换焊条

　　C. 改变焊接机头　　　　　　　　D. 调节焊接电流

【解析】 答案：C

本题主要考核哪些操作应在切断电源开关后才能进行：改变焊机接头；更换焊件需要改接二次线路；移动工作地点；检修焊机故障和更换熔丝。

【鉴定点分布】相关知识→焊前准备→劳动保护准备及安全检查→焊条电弧焊安全操作规程→一般情况下的安全操作规程。

15. （　　）可以进行焊机的安装、修理和检验。

　　A. 焊工班长　　　B. 焊接工程师　　　C. 焊工　　　　　D. 电工

【解析】答案：D

本题主要考核应由什么人进行焊机的安装、修理和检验：焊机安装、修理和检查应由电工进行，焊工不得擅自拆修。

【鉴定点分布】相关知识→焊前准备→劳动保护准备及安全检查→焊条电弧焊安全操作规程→一般情况下的安全操作规程。

16. 气焊铸铁时用的熔剂是（　　）。

　　A. CJ201　　　　B. HJ431　　　　C. HJ250　　　　D. CJ401

【解析】答案：A

本题主要考核铸铁焊剂的知识：用于铸铁气焊时的助熔剂为 CJ201，其主要成分为 18% 的 H_3BO_3、40% 的 Na_2CO_3、20% 的 $NaHCO_3$、75% 的 MnO_2、15% 的 $NaNO_3$。气焊铸铁时，由于硅易氧化而生成高熔点的酸性氧化物 SiO_2，其黏度较大，流动性不好，妨碍焊接过程的正常进行，易使焊缝出现夹渣等缺陷，故应设法除去。因此采用熔剂（焊粉），使其与碱性氧化物结合成低熔点的熔渣，因而能浮到熔池表面而被清除。

【鉴定点分布】相关知识→焊前准备→焊接材料准备→铸铁焊接材料→铸铁焊剂。

17. 型号为 EZCQ 的焊条是（　　）。

　　A. 铝焊条　　　　　　　　　B. 铜焊条

　　C. 球磨铸铁焊条　　　　　　D. 不锈钢焊条

【解析】答案：C

本题主要考核铸铁焊条型号编制方法的知识：依据国家标准《铸铁焊条及焊丝》（GB/T 10044—2006）规定，铸铁焊条是根据熔敷金属的化学成分及用途来划分型号的。具体方法如下：

（1）用字母"E"表示焊条。

（2）用字母"Z"表示焊条用于焊接铸铁。

（3）在字母"EZ"后用熔敷金属主要化学元素符号或金属类型代号表示。

（4）再细分时用数字表示，并用短画"—"与前面元素符号分开。

EZCQ 中 E 表示焊条；Z 表示焊条用于焊接铸铁；C 表示熔敷金属类型为铸铁；Q 表示熔敷金属中含有球化剂。

【鉴定点分布】相关知识→焊前准备→焊接材料准备→铸铁焊条的型号。

18. 型号为 RZCH 的焊丝是（   ）。

    A. 铸铁焊丝   B. 铜焊丝   C. 铝焊丝   D. 不锈钢焊丝

【解析】答案：A

本题主要考核铸铁焊丝型号编制方法的知识：依据国家标准《铸铁焊条及焊丝》（GB/T 10044—2006）的规定，铸铁焊丝的型号是根据焊丝本身的化学成分及用途来划分的。具体表示如下：

(1) 用字母"R"表示焊丝。

(2) 用字母"Z"表示焊丝用于焊接铸铁。

(3) 在字母"RZ"后用焊丝主要化学元素符号或金属类型代号表示。

(4) 再细分时用数字表示，并以短画"—"与前面化学元素符号分开。

RZCH 中 R 表示焊丝；Z 表示焊丝用于焊接铸铁；C 表示熔敷金属类型为铸铁；H 表示熔敷金属中含有合金元素。

【鉴定点分布】相关知识→焊前准备→焊接材料准备→铸铁焊丝的型号。

19. 有色金属气焊时，（   ）不是熔剂所起的作用。

    A. 清除氧化物   B. 去除杂质

    C. 改善金属的流动性   D. 渗入合金元素

【解析】答案：D

本题主要考核有色金属气焊时熔剂所起的作用：主要是用于清除焊件表面上的氧化物，使脱氧产物和其他一些非金属杂质过渡到熔渣中去，并改善液体金属的流动性，形成的熔渣还对熔池金属起到一定的保护作用。

【鉴定点分布】相关知识→焊前准备→焊接材料→有色金属焊接材料→有色金属熔剂的选用。

20. 为了防止产生未熔合，焊前常需要预热到 300～700℃ 的材料是（   ）。

    A. 铜及铜合金   B. 灰铸铁

    C. Q235 钢和不锈钢   D. 低碳钢

【解析】答案：A

本题主要考核哪种材料焊前常需要预热到 300～700℃：由于铜及铜合金的导热性非常好，焊接时会产生未熔合，因此焊前工件常需要预热。预热温度一般为 300～700℃，根据焊件形状、尺寸、焊接方法和采用的工艺参数而定，并应注意在焊接过程中保持这个温度。

【鉴定点分布】相关知识→焊前准备→工件准备→有色金属→铜及铜合金→铜及铜合金焊前预热。

21. 两种不同的金属进行直接焊接时，由于（   ）不同，焊接电弧不稳定，将使焊缝成型变坏。

    A. 熔点   B. 导热性   C. 线膨胀系数   D. 电磁性能

【解析】答案：D

    本题主要考核异种金属焊接使焊缝成型变坏的原因：两种不同的金属进行直接焊接时，由于电磁性能不同，造成电弧周围磁场不均匀，使焊接电弧不稳定，将使焊缝成型变坏。

    【鉴定点分布】相关知识→焊前准备→工件准备→异种金属→异种金属的特点→电磁性能。

22. 焊接（　　）时容易下塌，需加垫板。

    A. 不锈钢   B. Q345R 钢   C. 铸铁   D. 纯铝

【解析】答案：D

    本题主要考核铝及铝合金焊接时焊缝外观易出现的问题：铝及铝合金在高温时强度很低，液体流动性能好，在焊接时金属往往容易下塌，为了保证焊透又不致塌陷，焊接时常采用垫板来托住熔化金属及附近金属。垫板可采用石墨板、不锈钢或碳钢板等，垫板表面开一个圆弧形槽，以保证焊缝反面成型。

    【鉴定点分布】相关知识→焊前准备→工件准备→有色金属→铝及铝合金焊接垫板。

23. 焊接铝及铝合金厚板时预热温度范围为（　　）℃。

    A. 100～300   B. 300～400   C. 400～600   D. 500～700

【解析】答案：A

    本题主要考核铝及铝合金焊接时的预热温度：小件、薄件一般不预热，厚度超过5 mm 的厚大铝件，为了防止产生变形、热裂纹、未焊透、气孔等缺陷，焊前应预热。一般用氧—乙炔焰、喷灯或电炉将工件慢慢加热到 100～300℃。

    【鉴定点分布】相关知识→焊前准备→工件准备→有色金属→铝及铝合金焊前预热。

24. 目前在生产中实现异种金属焊接接头的连接主要有（　　）种方式。

    A. 2   B. 3   C. 4   D. 5

【解析】答案：D

    本题主要考核实现异种金属焊接接头的连接方式：主要有直接焊接法、堆焊隔离层法、中间加过渡段法和双金属接头过渡法等方式。

    【鉴定点分布】相关知识→焊前准备→工件准备→异种金属→焊前准备。

25. 焊接接头拉伸试验用来测定焊接接头的（　　）。

A. 抗拉强度   B. 屈服强度   C. 冲击韧度   D. 硬度

【解析】答案：A

本题主要考核焊接接头拉伸试验的目的：焊接接头拉伸试验是以国家标准《焊接接头拉伸试验方法》（GB/T 2651—2008）为依据进行的，该标准规定了金属材料焊接接头横向拉伸试验方法用来测定焊接接头的抗拉强度。

【鉴定点分布】相关知识→焊接→焊接接头试验→力学性能试验→试验目的。

26. （   ）属于钨极氩弧焊机控制系统的调试内容。

A. 电弧的稳定性   B. 焊枪发热的情况
C. 引弧、焊接、断电程序   D. 输出电流和电压的调节范围

【解析】答案：C

本题主要考核钨极氩弧焊机控制系统的调试内容，具体如下：

(1) 测试各程序的设置能否满足工艺需要。对提前送气、引弧、焊接、断电、滞后停气及脉冲参数进行测试和调节。

(2) 测试网压变化时焊机的补偿能力。试验可在±10％的范围内改变输入电压，观察输出电流的变化。

【鉴定点分布】相关知识→焊前准备→设备准备→钨极氩弧焊机的调试内容。

27. 焊接接头拉伸试验试样的形状有 （   ） 种。

A. 1   B. 2   C. 3   D. 4

【解析】答案：C

本题主要考核拉伸试验试样的形状有几种：焊接接头拉伸试样的形状分为板形、整管和圆形三种。

【鉴定点分布】相关知识→焊接→焊接接头试验→力学性能试验→焊接接头的拉伸试验→试件制备。

28. 为使试验顺利进行，整管焊接接头拉伸试样可 （   ），以利于夹持。

A. 外加卡环   B. 制作夹头   C. 焊接挡板   D. 制作塞头

【解析】答案：D

本题主要考核用整管作为焊接接头的拉伸试样时采取什么措施以利于夹持：外径小于等于 38 mm 的管接头，可取整管作为拉伸试样，为使试验顺利进行，可制作塞头，以利于夹持。

【鉴定点分布】相关知识→焊接→焊接接头试验→力学性能试验→焊接接头的拉伸试验→试件制备。

29. 按弯曲试样受拉面在焊缝中的位置分，弯曲试样类型中不包括 （   ）。

A. 背弯   B. 侧弯   C. 直弯   D. 正弯

【解析】答案：C

本题主要考核按弯曲试样受拉面在焊缝中的位置分的弯曲试样类型：主要有正弯、背弯和侧弯。

【鉴定点分布】相关知识→焊接→焊接接头试验→力学性能试验→焊接接头弯曲试验→试件制备→试件的类型。

30. 焊接接头硬度试验规定的试样数量（   ）。

     A. 不多于1个   B. 不多于3个   C. 不少于1个   D. 不少于3个

【解析】答案：C

本题主要考核焊接接头硬度试验规定的试样数量：焊接接头硬度试验是以国家标准《焊接接头硬度试验方法》（GB/T 2654—2008）为依据进行的。标准规定，焊接接头硬度试验试样不少于1个。

【鉴定点分布】相关知识→焊接→焊接接头试验→力学性能试验→焊接接头硬度试验→试件制备。

31. 斜Y型坡口对接裂纹试件两端的拘束焊缝应注意不要产生（   ）缺陷。

     A. 咬边   B. 气孔   C. 夹渣   D. 未焊透

【解析】答案：D

本题主要考核斜Y型坡口对接裂纹试件两端的拘束焊缝注意不要产生哪种缺陷：国家标准《焊接性试验 斜Y型坡口焊接裂纹试验方法》（GB/T 4675.1—1984）附录A中A.3.2条规定，拘束焊缝焊接一般采用低氢型焊条，直径为4 mm或5 mm。首先从背面焊第一层，然后再焊正面一侧的第一层，注意不要产生角变形和未焊透缺陷。以下各层正面和背面交替焊接，直至焊完。

【鉴定点分布】相关知识→焊接→焊接接头试验→焊接性试验→试件制备→试件的焊接。

32. 斜Y型坡口对接裂纹试件中间的试验焊缝原则上应采用（   ）。

     A. 碱性焊条   B. 低氢型焊条

     C. 与试验钢材相匹配的焊条   D. 与拘束焊缝相同的焊条

【解析】答案：C

本题主要考核斜Y型坡口对接裂纹试件中间的试验焊缝原则上应采用什么焊条：国家标准《焊接性试验 斜Y型坡口焊接裂纹试验方法》（GB/T 4675.1—1984）中3.1条规定，试验所用焊条原则上采用与试验钢材相匹配的焊条。

【鉴定点分布】相关知识→焊接→焊接接头试验→焊接性试验→试验方法→选取焊条和焊接工艺参数。

33. 下列关于斜 Y 型坡口对接裂纹试件中间的试验焊缝的道数叙述正确的是（　　）。

    A. 应根据板厚选择

    B. 应根据焊条直径选择

    C. 不论板厚多少，只焊一道

    D. 不论板厚多少，只焊正、反面两道

【解析】答案：C

本题主要考核焊接接头斜 Y 型坡口对接裂纹试验焊道的知识：焊接性试验斜 Y 型坡口焊接裂纹试验方法中规定，不论板厚多少，一律只焊一道焊缝，相当于实际生产中的单道焊或多层焊中的打底焊缝。

【鉴定点分布】相关知识→焊接→焊接接头试验→焊接性试验→试验方法→焊道选择。

34. 解剖斜 Y 型坡口对接裂纹试件时，不得采用气割方法切取试样，要用机械切割，要避免因切割振动（　　）。

    A. 引起试件的变形   B. 引起试件的断裂

    C. 引起裂纹的愈合   D. 引起裂纹的扩展

【解析】答案：D

本题主要考核焊接接头斜 Y 型坡口对接裂纹试验焊缝解剖的要求：国家标准《焊接性试验　斜 Y 型坡口焊接裂纹试验方法》（GB/T 4675.1—1984）附录 A 中 A.4.2 条规定，解剖时不得采用气割方法切取试样，要用机械切割，要避免因切割振动而引起裂纹的扩展。

【鉴定点分布】相关知识→焊接→焊接接头试验→焊接性试验→试验方法→焊缝的解剖。

35. HT100 中的"HT"代表灰铸铁，"100"代表（　　）值。

    A. 硬度   B. 冲击韧度   C. 抗拉强度   D. 屈服强度

【解析】答案：C

本题主要考核灰铸铁牌号的知识：根据国家标准《铸铁牌号表示方法》（GB/T 5612—2008）的规定，我国灰铸铁的牌号用"灰铁"二字汉语拼音的第一个大写字母"HT"和一组数字表示，其数字表示抗拉强度值。

【鉴定点分布】相关知识→焊接→铸铁焊接→灰铸铁的牌号及特点。

36. （　　）中的碳以球状石墨存在，因此有较高的强度、塑性和韧性。

    A. 可锻铸铁   B. 球墨铸铁   C. 白口铸铁   D. 灰铸铁

【解析】答案：B

本题主要考核球墨铸铁的牌号及特点的知识：球墨铸铁是指碳以球状石墨存在的铸铁。它是通过将灰铸铁原材料熔化后，加入球化剂进行球化处理后得到的。由于球状石墨对金属基体的损坏、减小有效承载面积以及引起应力集中等危害作用均比片状石墨的灰铸铁小得多，因此，球墨铸铁具有比灰铸铁高的强度、塑性和韧性，并保持灰铸铁具有的耐磨、减振等特性。

【鉴定点分布】相关知识→焊接→铸铁焊接→球墨铸铁的牌号及特点。

37. QT400—17为（　　）的牌号。

　　A. 灰铸铁　　　　B. 不锈钢　　　　C. 黄铜　　　　D. 球墨铸铁

【解析】答案：D

本题主要考核球墨铸铁的牌号及特点的知识：球墨铸铁牌号为QT400—17时，其中"QT"为球墨铸铁代号，"400"表示抗拉强度为400 MPa，"17"表示断后伸长率为17%。

【鉴定点分布】相关知识→焊接→铸铁焊接→球墨铸铁的牌号及特点。

38. 焊补灰铸铁，当焊接接头存在白口铸铁组织时，裂纹倾向（　　）。

　　A. 降低　　　　B. 大大降低　　　　C. 不变　　　　D. 加剧

【解析】答案：D

本题主要考核焊补灰铸铁，当焊接接头存在白口铸铁组织时的裂纹倾向：灰铸铁在焊补时，由于石墨化元素不足和冷却速度快，焊缝和半熔化区容易产生Fe_3C而生成白口铸铁组织，很难机械加工。而且形成白口铸铁时会产生应力，很容易引起裂纹。

【鉴定点分布】相关知识→焊接→铸铁焊接→灰铸铁的焊接性。

39. 焊补铸铁时，采用加热减应区法的目的是（　　）。

　　A. 减小焊接应力，防止产生裂纹　　　B. 防止产生白口铸铁组织

　　C. 得到高强度的焊缝　　　　　　　　D. 得到高塑性的焊缝

【解析】答案：A

本题主要考核焊补铸铁时采用加热减应区法的目的：在焊件上选择适当的区域进行加热，使焊接区域有自由热胀冷缩的可能，以减小焊接应力，防止产生裂纹。

【鉴定点分布】相关知识→焊接→铸铁焊接→灰铸铁的焊接性→焊接接头容易产生裂纹→加热减应法。

40. （　　）不是采用焊条电弧焊热焊法的优点。

　　A. 减小应力　　　　　　　　　　B. 有利于防止裂纹

　　C. 加工性好　　　　　　　　　　D. 工艺简单

【解析】答案：D

本题主要考核采用焊条电弧焊热焊法的优点：因冷却速度慢，温度分布均匀，有利于防止产生白口铸铁组织，减小应力，也有利于防止裂纹。热焊法可得到铸铁组织焊缝，加工性好，焊缝强度、硬度、颜色与母材相同。但工艺复杂，生产周期长，成本高，焊接时劳动条件差，一般用于焊后需要加工，要求颜色一致，焊补处刚度较高，易产生裂纹及结构复杂的铸件。

【鉴定点分布】相关知识→焊接→铸铁焊接→灰铸铁的焊接→焊条电弧焊→预热焊接方法。

41. 灰铸铁的焊接主要应根据铸件大小、厚薄、复杂程度以及焊补处的缺陷情况、刚度大小和（　　）来选择。

　　A. 焊前预热　　　B. 焊后热处理　　　C. 焊接方法　　　D. 焊后的要求

【解析】答案：D

本题主要考核灰铸铁焊接的知识：灰铸铁的焊接主要应根据铸件大小、厚薄、复杂程度以及焊补处的缺陷情况、刚度大小、焊后的要求（如是否要求加工、致密性、强度、颜色等）来选择。

【鉴定点分布】相关知识→焊接→铸铁焊接→灰铸铁的焊接。

42. 手工电渣焊的电极材料是（　　）。

　　A. 铈钨电极　　　B. 石墨电极　　　C. 纯钨电极　　　D. 钍钨电极

【解析】答案：B

本题主要考核手工电渣焊电极的知识：电渣焊热源温度较低，加热冷却缓慢，因而能获得加工性能好，与母材性能、颜色一致的焊缝。由于电源功率大，可采用1～3个电极同时造渣焊接，因而适用于大型铸件的大型缺陷或巨大缺陷的焊补。石墨电极可采用ϕ30～40 mm的电炉废电极。

【鉴定点分布】相关知识→焊接→铸铁焊接→灰铸铁的焊接→其他焊补方法→手工电渣焊。

43. 主要用于非加工面焊补，球墨铸铁冷焊时主要采用（　　）焊条。

　　A. EZCQ　　　B. EZNiFe—1　　　C. Z238　　　D. EZC

【解析】答案：B

本题主要考核球墨铸铁冷焊时焊条的选择：球墨铸铁冷焊时主要采用EZNiFe—1、EZNiFeCu等焊条焊补，主要用于非加工面的焊补，焊补工艺同灰铸铁。

【鉴定点分布】相关知识→焊接→铸铁焊接→球磨铸铁的焊条电弧焊。

44. 非热处理强化铝合金不具备（　　）的性能。

　　A. 强度中等　　　　　　　　　　B. 焊接性较好

C. 硬度高　　　　　　　　　　　D. 塑性和耐腐蚀性较好

【解析】答案：C

本题主要考核铝及铝合金分类的知识：不能进行热处理强化的铝合金称为非热处理强化铝合金（又称防锈铝）。非热处理强化铝合金，如铝镁合金、铝锰合金等，其强度中等，塑性和耐腐蚀性较好，焊接性好，广泛用来作为焊接结构材料。

【鉴定点分布】相关知识→焊接→有色金属的焊接→铝及其合金的焊接→铝及其合金的分类及性能。

45. （　　）焊接方法不适宜焊接铝及其合金。

A. 焊条电弧焊　　B. 氩弧焊　　　　C. 钎焊　　　　D. 激光焊

【解析】答案：A

本题主要考核铝及其合金焊接不宜采用哪种焊接方法：由于铝及铝合金多用在化工设备上，要求焊接接头不但有一定强度而且具有耐腐蚀性，因而目前常用的焊接方法主要有：钨极氩弧焊、熔化极氩弧焊、脉冲氩弧焊等，氩气是惰性气体，保护效果好，接头质量高。虽然气焊从各方面都不如氩弧焊，但由于使用设备简单、方便，因此在工地或修理行业还有一些应用。此外还有等离子弧焊、真空电子束焊、电阻焊、钎焊、激光焊等。焊条电弧焊由于铝焊条容易吸潮，已逐渐被淘汰。

【鉴定点分布】相关知识→焊接→有色金属的焊接→铝及其合金的焊接→铝及其合金焊接方法的选择。

46. 由于铝的热膨胀系数大，凝固收缩率大，因此焊接时（　　），容易产生热裂纹。

A. 熔池含氢量高　　　　　　　　B. 熔化时没有显著的颜色变化

C. 高温强度低　　　　　　　　　D. 产生较大的焊接应力

【解析】答案：D

本题主要考核是何种原因造成铝及其合金焊接时，容易产生热裂纹：铝的热膨胀系数比钢大一倍，而凝固收缩率比钢大两倍，焊接时会产生较大的焊接应力。当成分中的杂质超过规定范围时，在熔池凝固过程中将形成较多的低熔共晶，两者共同作用结果，使焊缝容易产生热裂纹。为了防止热裂纹，焊前有时应进行预热。

【鉴定点分布】相关知识→焊接→有色金属的焊接→铝及其合金的焊接→铝及其合金的焊接性→热裂纹。

47. 由于铝的熔点低，高温强度低，而且（　　），因此焊接时容易产生塌陷。

A. 溶解氢的能力强　　　　　　　B. 和氧的化学结合力很强

C. 低熔共晶较多　　　　　　　　D. 熔化时没有显著的颜色变化

【解析】答案：D

本题主要考核是何种原因造成铝及其合金焊接时，容易产生塌陷：铝和铝合金熔点低，高温强度低，而且熔化时没有显著的颜色变化，因此焊接时，常因温度过高无法察觉而导致塌陷。为了防止塌陷，可在焊件坡口下面放置垫板，并控制好焊接工艺参数。

【鉴定点分布】相关知识→焊接→有色金属的焊接→铝及其合金的焊接→铝及其合金的焊接性→塌陷。

48.（   ）适合于焊接铝及铝合金的薄板、全位置焊。

A. 熔化极氩弧焊
B. CO_2 气体保护焊
C. 焊条电弧焊
D. 钨极脉冲氩弧焊

【解析】答案：D

本题主要考核适合于焊接铝及铝合金的薄板、全位置焊接的焊接方法：钨极脉冲氩弧焊由于可以通过调节焊接各种工艺参数来控制电弧功率和焊缝成型，所以特别适合于焊接薄板、全位置焊接等，也适合于焊接对热敏感性强的铝合金。

【鉴定点分布】相关知识→焊接→有色金属的焊接→铝及其合金的焊接→焊接方法选择。

49. 铜锡合金是（   ）。

A. 白铜
B. 紫铜
C. 黄铜
D. 青铜

【解析】答案：D

本题主要考核铜及其合金的分类的知识：青铜是人类历史上最早应用的一种合金，我国劳动人民早在公元前两千年的夏和商朝就开始使用铜—锡合金（青铜）来制造铜鼎、武器和铜镜等。所谓青铜，最早是指铜—锡合金，颜色呈青灰色，现在青铜实际上是除铜—锌、铜—镍合金以外所有铜基合金的统称，如锡青铜、铝青铜、铍青铜和硅青铜等。

【鉴定点分布】相关知识→焊接→有色金属的焊接→铜及其合金的焊接→铜及其合金的分类及性能→青铜。

50.（   ）具有高的耐磨性、良好的力学性能、铸造性能和耐腐蚀性能。

A. 紫铜
B. 白铜
C. 黄铜
D. 青铜

【解析】答案：D

本题主要考核铜及其合金性能的知识：青铜具有高的耐磨性、良好的力学性能、铸造性能和耐腐蚀性能。用于制造各种耐磨零件，如轴瓦、轴套及与酸、碱、蒸气等腐蚀性介质接触的零件。

【鉴定点分布】相关知识→焊接→有色金属的焊接→铜及其合金的焊接→铜及其合金的分类及性能→青铜。

51. （   ）是焊接紫铜时母材和填充金属难以熔合的原因。

　　A. 紫铜导电好　　　　　　　　　B. 紫铜熔点高

　　C. 有锌蒸发出来　　　　　　　　D. 紫铜导热性能好

【解析】答案：D

本题主要考核焊接紫铜时，母材和填充金属难以熔合的原因：紫铜的导热系数大，20℃时紫铜的导热系数比铁大 7 倍多，1 000℃ 时大 11 倍，焊接时热量迅速从加热区传导出去，使得母材和填充金属难以熔合，因此焊接时要使用大功率热源，通常在焊接前还要采取预热措施。

【鉴定点分布】相关知识→焊接→有色金属的焊接→铜及其合金的焊接→铜及其合金的焊接性→紫铜。

52. 黄铜气焊时，应使用（   ）。

　　A. 中性焰　　　　B. 弱还原焰　　　　C. 弱氧化焰　　　　D. 强还原焰

【解析】答案：C

本题主要考核黄铜气焊时的焊接工艺：黄铜气焊时使用弱氧化焰，并采用含 0.3%～0.7% 质量分数的硅焊丝，以使焊缝表面生成一层氧化硅薄膜，阻挡锌的蒸发。焊接时也应加气焊粉（CJ301），焊接前也应清理焊丝和焊件表面。在焊较厚大的焊件时应预热到 400～500℃，厚度超过 15 mm 时，应预热到 550℃ 左右。

【鉴定点分布】相关知识→焊接→有色金属的焊接→铜及其合金的焊接→铜及其合金的焊接→焊接工艺→黄铜的气焊。

53. 熔化极氩弧焊焊接铜及其合金时一律采用（   ）。

　　A. 直流正接　　　　　　　　　　B. 直流正接或交流焊

　　C. 交流焊　　　　　　　　　　　D. 直流反接

【解析】答案：D

本题主要考核熔化极氩弧焊焊接铜及其合金时，电源的极性：熔化极氩弧焊（即 MIG 焊）可以选用更大的电流，因而电弧功率更大，熔深大，焊接速度快，是焊接中、厚度铜及其合金的理想方法，熔化极氩弧焊焊接铜及其合金时一律采用直流反接。

【鉴定点分布】相关知识→焊接→有色金属的焊接→铜及其合金的焊接→铜及其合金的焊接→焊接工艺→熔化极氩弧焊。

54. 钛及钛合金按用途和性能可分为结构钛合金、耐热钛合金、低温钛合金和（   ）。

　　A. 耐蚀钛合金　　B. 变形钛合金　　C. 铸造钛合金　　D. 粉末钛合金

【解析】答案：A

本题主要考核钛及钛合金分类的知识：钛及钛合金按生产工艺可分为变形钛合金、

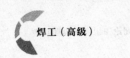

铸造钛合金和粉末钛合金；按性能和用途可分为结构钛合金、耐热钛合金、耐蚀钛合金和低温钛合金等。

【鉴定点分布】相关知识→焊接→有色金属的焊接→钛及钛合金的焊接→钛及钛合金的分类和性能→钛及钛合金的分类。

55. 焊接钛及钛合金时，为改善焊缝金属的塑性，焊丝中氧、（   ）、氮、碳的含量应比母材低得多。

    A. 硅　　　　　　B. 钙　　　　　　C. 铁　　　　　　D. 氢

【解析】答案：D

本题主要考核焊接钛及钛合金时，对焊丝的要求：为改善焊缝金属的塑性，焊丝中氧、氢、氮、碳的含量应比母材低得多，一般只有母材的一半左右。

【鉴定点分布】相关知识→焊接→有色金属的焊接→钛及钛合金的焊接→钛及钛合金的焊接工艺→焊接材料。

56. 为防酸洗时钛及钛合金增氢，应控制酸洗温度，一般应在（   ）℃以下。

    A. 20　　　　　　B. 30　　　　　　C. 40　　　　　　D. 50

【解析】答案：C

本题主要考核钛及钛合金焊后热处理的相关知识：由于钛及钛合金活性极强，在高于540℃的大气介质中热处理时，表面生成较厚的氧化层，使硬度增加、塑性降低，为此需进行酸洗，酸洗液可用 HF（3%）+HNO$_3$（35%）水溶液，为防酸洗时增氢，应控制酸洗温度，一般应在40℃以下。

【鉴定点分布】相关知识→焊接→有色金属的焊接→钛及钛合金的焊接→钛及钛合金的焊接工艺→焊后热处理。

57. 焊接珠光体钢和奥氏体不锈钢时，焊缝金属的成分和组织可以根据（   ）来进行估计。

    A. 碳当量公式计算　　　　　　　　B. 铁碳平衡状态图

    C. 斜 Y 坡口对接裂纹试验　　　　　D. 舍夫勒不锈钢组织图

【解析】答案：D

本题主要考核异种钢焊接如何利用舍夫勒图的知识：焊缝的组织取决于焊缝金属的成分，在焊接材料确定之后，焊缝金属的成分还取决于母材的熔化量，即熔合比。熔合比发生变化时，焊缝金属的成分和组织都要随之发生变化，这种变化可以根据舍夫勒（Schaeffler）不锈钢组织图来进行估计。

【鉴定点分布】相关知识→焊接→异种金属的焊接→异种金属的焊接性→焊缝金属的稀释。

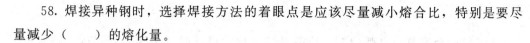

58. 焊接异种钢时，选择焊接方法的着眼点是应该尽量减小熔合比，特别是要尽量减少（　　）的熔化量。

    A. 焊接填充材料　　　　　　　B. 奥氏体不锈钢和珠光体钢母材

    C. 奥氏体不锈钢　　　　　　　D. 珠光体钢

【解析】答案：D

本题主要考核异种金属焊接方法选择的知识：焊接异种钢时，选择焊接方法的着眼点是应该尽量减小熔合比，特别是要尽量减少珠光体钢的熔化量，以便抑制熔化的珠光体钢母材对奥氏体焊缝金属的稀释作用。

【鉴定点分布】相关知识→焊接→异种金属的焊接→奥氏体不锈钢与珠光体钢的焊接→焊接方法的选择。

59. 生产中采用 E308—16 焊条，焊接珠光体钢和奥氏体不锈钢时，熔合比控制在（　　）才能得到奥氏体＋马氏体焊缝组织。

    A. 10％～20％　　B. 50％以下　　　C. 20％～30％　　D. 30％～40％

【解析】答案：D

本题主要考核异种金属焊接时，焊接材料、熔合比与焊缝组织的关系：采用 E308—16 焊条焊接珠光体钢和奥氏体不锈钢时，当母材的熔合比为 30％～40％ 时，焊缝的组织为奥氏体＋马氏体。

【鉴定点分布】相关知识→焊接→异种金属的焊接→奥氏体不锈钢与珠光体钢的焊接→焊接材料。

60. （　　）不是为了解决碳迁移问题，可以采取的阻止碳的扩散的措施。

    A. 焊后焊接接头尽量不进行热处理

    B. 尽量降低焊件工作温度和缩短高温停留时间

    C. 提高奥氏体填充材料中的含镍量

    D. 减小珠光体钢熔化量

【解析】答案：D

本题主要考核防止扩散层的措施有几种方式：

（1）焊后焊接接头尽量不进行热处理。

（2）尽量降低焊件工作温度和缩短高温停留时间。

（3）在珠光体钢中增加碳化物形成元素（如 Cr、Mo、V、Ti 等），而在奥氏体不锈钢中减少这些元素。

（4）提高奥氏体填充材料中的含镍量。

（5）用高镍基焊条预先在珠光体钢坡口面上堆焊 6～8 mm 厚的过渡层。

【鉴定点分布】相关知识→焊接→异种金属的焊接→异种金属的焊接性→扩散层的

形成。

61. 异种金属焊条电弧焊时，为降低熔合比，焊接时应采用小直径焊条或焊丝，尽量使用小电流、（　　）和快速焊接。

　　A. 分段焊　　　　B. 大角度焊条　　　C. 低电压　　　　D. 高电压

【解析】答案：D

本题主要考核异种金属焊接工艺参数如何选择的知识：选择焊接工艺参数的基本出发点是尽量减小珠光体钢的熔化量。焊条电弧焊时，为降低熔合比，应采用小直径焊条或焊丝，尽量使用小电流、高电压和快速焊接。

【鉴定点分布】相关知识→焊接→异种金属的焊接→奥氏体不锈钢与珠光体钢的焊接→操作技术→奥氏体不锈钢与珠光体钢对接焊接→焊接工艺参数。

62. 不锈钢复合板（　　）的焊接属于异种钢焊接，应按异种钢焊接原则选择焊接材料。

　　A. 焊件的正面　　　　　　　　B. 焊件的背面

　　C. 复层和基层的交界处　　　　D. 接触工作介质的复层表面

【解析】答案：C

本题主要考核不锈钢复合板焊接的技术：不锈钢复合钢板焊接材料的选择原则为：复层和基层分别选用与之相适宜的焊条或焊丝，但复层和基层的交界处属于异种钢焊接，应按异种钢焊接原则选择焊接材料。

【鉴定点分布】相关知识→焊接→异种金属的焊接→奥氏体不锈钢与珠光体钢的焊接→操作技术→奥氏体不锈钢与珠光体钢对接焊接→不锈钢复合板的焊接。

63. （　　）不是气割机进行切割的优点。

　　A. 适合切割大厚度钢板　　　　B. 适合切割需要预热的中、高碳钢

　　C. 气割速度和精度高　　　　　D. 操作灵活方便、成本低

【解析】答案：D

本题主要考核手工切割的优势：手工气割具有设备简单、成本低、操作灵活方便等优点。

【鉴定点分布】相关知识→焊接→气割机→特点。

64. 光电跟踪气割机的设备虽然较复杂，由光电跟踪机构和自动气割机组成，但只要有（　　），就可以进行切割。

　　A. 轨道　　　　B. 样板　　　　C. 程序　　　　D. 图样

【解析】答案：D

本题主要考核光电气割机工作原理的知识：可根据图样进行切割。将光源激励灯

的光线通过光电头聚成一个光点，投射到按一定比例绘制的仿形图样上，由于白色图样和绘制的黑线条反射或透视光线的能力不同，受射光电管或硅光电池接受从图上反射或透视过来光的明亮程度也不同，感应所产生的电流就各不一样。电流经过放大后，用来控制伺服系统，使光电头自动地跟踪图样上的线条，并以稳定的速度作连续而准确的移动。

与此同时，光电管所获得的信号经过放大，并经过速度分解机构分成 X 向和 Y 向两个相互垂直的分量，再分别经过横向和纵向放大机构控制 X 向和 Y 向的执行电动机，使机架上的割嘴按线条相应的方向运动，完成仿形切割。

【鉴定点分布】相关知识→焊接→气割机→光电跟踪气割机→工作原理。

65. 气割机的减速箱，一般应（　　）加一次润滑油。

　　A. 三个月　　　　B. 六个月　　　　C. 九个月　　　　D. 十二个月

【解析】答案：B

本题主要考核气割机维护与保养的知识：气割机的减速箱，一般应半年加一次润滑油。

【鉴定点分布】相关知识→焊接→气割机→气割机切割的安全操作注意事项→气割机的维护与保养。

66. 凡承受流体介质压力的密封设备称为（　　）。

　　A. 反应塔　　　　B. 锅炉　　　　C. 高炉　　　　D. 压力容器

【解析】答案：D

本题主要考核承受流体介质压力的密封设备叫什么：凡承受流体介质压力的密封设备称为压力容器。压力容器一般泛指在化工和其他工业生产中用于完成反应、传热、传质、分类和储运等生产工艺过程，并具有特定功能的承受一定压力的设备。

【鉴定点分布】相关知识→焊接→典型容器和结构的焊接→锅炉与压力容器的基本知识→锅炉压力容器特点。

67. 从环境温度来看，锅炉和部分压力容器（　　）。

　　A. 都在高温下工作

　　B. 在高温下工作，有的压力容器还在低温下工作

　　C. 都在低温下工作

　　D. 在高温下工作，有的压力容器还在常温下工作

【解析】答案：B

本题主要考核锅炉压力容器工作的温度环境：从环境温度来看锅炉和部分压力容器在高温下工作，有的压力容器还要在低温下工作。

【鉴定点分布】相关知识→焊接→典型容器和结构的焊接→锅炉与压力容器的基本

知识→锅炉压力容器特点→工作条件恶劣→环境温度。

68. 锅炉压力容器与其他设备相比，容易（　　），因此容易发生事故。

  A. 操作失误   B. 超过使用期限

  C. 产生磨损   D. 超负荷

【解析】答案：D

本题主要考核锅炉压力容器因为何种原因容易发生事故：锅炉压力容器与其他设备相比容易超负荷，容器内的压力会因操作失误或反应异常而迅速升高，往往在尚未发现的情况下容器即遭到破坏。

【鉴定点分布】相关知识→焊接→典型容器和结构的焊接→锅炉与压力容器的基本知识→锅炉压力容器特点→容易发生事故。

69. 最高工作压力（　　）的压力容器是《容规》适用条件之一。

  A. 小于等于 0.1 MPa   B. 大于等于 1 MPa

  C. 小于等于 1 MPa   D. 大于等于 0.1 MPa

【解析】答案：D

本题主要考核《容规》的适用范围：《固定式压力容器安全技术监察规程》（TSG R0004—2009）在 1.3 条适用范围中规定：压力容器"工作压力大于或者等于 0.1 MPa"。

【鉴定点分布】相关知识→焊接→典型容器和结构的焊接→锅炉与压力容器的基本知识→锅炉压力容器特点→使用广泛并要求连续运行→《容规》。

70. 压力容器（　　）前，对受压元件之间的对接焊接接头和要求全焊透的 T 形接头等，都应进行焊接工艺评定。

  A. 水压试验   B. 返修   C. 设计   D. 施焊

【解析】答案：D

本题主要考核压力容器焊前对焊接工艺评定的要求：压力容器产品施焊前，对受压元件之间的对接焊接接头和要求全焊透的 T 形焊接接头，受压元件与承载的非受压元件之间的全焊透的 T 形或角接焊接接头，以及受压元件的耐腐蚀堆焊层都应进行焊接工艺评定。钢制压力容器的焊接工艺评定应符合《钢制压力容器焊接工艺评定》（JB 4708—2000）标准的有关规定，有色金属制压力容器的焊接工艺评定应符合有关标准的要求。

  注：目前我国《钢制压力容器焊接工艺评定》标准已改为《承压设备焊接工艺评定》，标准号为 NB/T 47014—2011。

【鉴定点分布】相关知识→焊接→典型容器和结构的焊接→典型容器的焊接→压力容器的焊接→焊接工艺评定及焊接工艺指导书。

71. 为了便于装配和避免焊缝交汇于一点，应在横向肋板上切去一个角，角边高度为焊脚高度的（　　）。

　　　A. 1～2倍　　　　B. 2～3倍　　　　C. 3～4倍　　　　D. 0.5～1倍

【解析】答案：B

本题主要考核梁的肋板设置的知识：为了便于装配和避免焊缝交汇于一点，应在横向肋板上切去一个角，角边高度为焊脚高度的2～3倍。

【鉴定点分布】相关知识→焊接→典型容器和结构的焊接→一般结构焊接→梁的焊接→梁的结构→肋板设置。

72. 工作时承受压缩的杆件叫（　　）。

　　　A. 管道　　　　B. 梁　　　　C. 轨道　　　　D. 柱

【解析】答案：D

本题主要考核什么是柱：工作时承受压缩的杆件叫柱。柱广泛地应用于许多工程结构和机器结构上，例如矿山、港口的运输管道和栈架的支撑柱、工程机械中的受压杆、起重机的臂架和门架支腿以及石油井架等都属于这一类型的构件。

【鉴定点分布】相关知识→焊接→典型容器和结构的焊接→一般结构焊接→柱的焊接。

73. 铸铁焊条药皮类型多为石墨型，可防止产生（　　）。

　　　A. 氢气孔　　　　B. 氮气孔　　　　C. CO气孔　　　　D. 反应气孔

【解析】答案：C

本题主要考核铸铁焊接时，如何防止CO气孔措施的知识：利用药皮脱氧。铸铁焊条药皮类型多为石墨型（如Z××8），石墨也就是碳，由于碳是强脱氧剂（即还原剂），所以可防止焊缝中的碳氧化，防止和消除CO气孔。

【鉴定点分布】相关知识→焊后检查→焊接缺陷分析→特殊材料焊接缺陷→铸铁焊接缺陷→气孔防止措施。

74. （　　）不是铝合金焊接时防止气孔的主要措施。

　　　A. 严格清理焊件和焊丝表面　　　　B. 预热降低冷却速度

　　　C. 选用含5％Si的铝硅焊丝　　　　D. 氩气纯度应大于99.99％

【解析】答案：C

本题主要考核铝合金焊接时防止气孔的主要措施：

①采用纯度高的保护气体，如按《氩》（GB/T 4842—2006）规定，用于焊接的氩气纯度应大于99.99％。

②严格清理焊件和焊丝，应严格清理焊件和焊丝上的水、油、锈、污垢等，尤其应严格清理焊丝上的氧化膜。

③采用合理焊接工艺，如熔化极氩弧焊时，采用直流反接可减少气孔，预热可降低冷却速度，有利于氢的逸出。

【鉴定点分布】相关知识→焊后检查→焊接缺陷分析→特殊材料焊接缺陷→铝及铝合金焊接缺陷→气孔→气孔防止措施。

75. 铜及铜合金焊接时，（　　）不是防止产生气孔的措施。

    A. 焊前预热　　　　　　　　　B. 焊丝中加入脱氧元素

    C. 清理焊件　　　　　　　　　D. 气焊采用氧化焰

【解析】答案：D

本题主要考核铜及铜合金焊接时，防止产生气孔的措施：①加强保护，采用氩弧焊焊接可减少气孔，气焊时加气焊溶剂 CJ301，加强保护和去除铜的氧化膜。②焊前清理焊件和焊丝，焊前应将焊件和焊丝表面的油、水、锈、污垢等清理干净。③采用脱氧焊丝。④焊前预热工件，降低熔池的冷却速度，使气体能够上浮析出。

【鉴定点分布】相关知识→焊后检查→焊接缺陷分析→特殊材料焊接缺陷→铜及铜合金焊接缺陷→气孔→气孔防止措施。

76. 除防止产生焊接缺陷外，（　　）是焊接梁和柱时最关键的问题。

    A. 提高接头强度　　　　　　　B. 改善接头组织

    C. 防止应力腐蚀　　　　　　　D. 防止焊接变形

【解析】答案：D

本题主要考核梁、柱焊接时最关键的问题：焊接梁、柱最关键的问题是要防止焊接变形的产生。梁通常都是低碳钢制成，厚度也不大，加之梁的长度和高度之比较大。因此，由于焊接的不均匀加热，再加上焊缝位置的分布等关系，极易在焊后产生弯曲变形。当焊接方向不对时，也会产生扭曲变形，另外还有翼板的角变形等。

【鉴定点分布】相关知识→焊后检查→焊接缺陷分析→典型容器和结构的缺陷→梁、柱焊接缺陷。

77. 水压试验用来对锅炉压力容器和管道进行整体严密性和（　　）检验。

    A. 韧性　　　　　B. 塑性　　　　　C. 强度　　　　　D. 硬度

【解析】答案：C

本题主要考核水压试验的目的：水压试验用来对锅炉压力容器和管道进行整体严密性和强度检验。

【鉴定点分布】相关知识→焊后检查→焊接检验→水压试验→试验目的。

78. 水压试验时，有水泥砂浆衬里的管道浸泡时间不少于（　　）h。

    A. 12　　　　　　B. 24　　　　　　C. 36　　　　　　D. 48

【解析】答案：D

本题主要考核水压试验的注意事项：管道灌满水后，应在不大于工作压力条件下充分浸泡后再进行试压，无水泥砂浆衬里的管道浸泡时间不少于 24 h，有水泥砂浆衬里的管道浸泡时间不少于 48 h。

【鉴定点分布】相关知识→焊后检查→焊接检验→水压试验→水压试验注意事项。

79. 水压试验（　　）的温度一般不得低于 5℃。

　　A. 试验用水　　　B. 容器表面　　　C. 容器内部　　　D. 试验场地

【解析】答案：D

本题主要考核水压试验时的注意事项：其中一条规定，试验场地的温度一般不得低于 5℃。

【鉴定点分布】相关知识→焊后检查→焊接检验→水压试验→注意事项。

80. 荧光探伤属于（　　）。

　　A. X 射线探伤　　B. 着色探伤　　　C. 超声探伤　　　D. 渗透探伤

【解析】答案：D

本题主要考核渗透法探伤的内容：渗透探伤包括荧光探伤和着色探伤两种方法。

【鉴定点分布】相关知识→焊后检查→焊接检验→渗透法试验。

二、判断题（第 81～100 题。将判断结果填入括号中。正确的填"√"，错误的填"×"。每题 1 分，满分 20 分。）

81. （　　）钢退火后可以降低钢的硬度，便于加工。

【解析】答案：√

本题主要考核金属热处理中退火的作用：退火可以降低钢的硬度，提高塑性，使材料便于加工，并可细化晶粒，均匀钢的组织和成分，消除残余内应力等。焊接结构焊接以后会产生焊接残余应力，容易导致产生裂纹，因此重要的焊接结构焊后应该进行消除应力退火处理，以消除焊接残余应力，防止产生裂纹。消除应力退火属于低温退火，加热温度在 A_1 以下，一般为 600～650℃，保温一段时间，然后在空气中或炉中缓慢冷却。

【鉴定点分布】基本要求→基础知识→金属热处理与金属材料→金属及热处理知识→钢的热处理基本知识→退火。

82. （　　）碳钢中除含有铁、碳元素以外，还有少量的铬、钼、硫、磷等杂质。

【解析】答案：×

本题主要考核碳素钢中含有的常用元素：碳钢中除含有铁、碳元素以外，还有少

量的硅、锰、硫、磷等杂质。

【鉴定点分布】基本要求→基础知识→金属热处理与金属材料→常用金属材料→碳素钢的分类及碳素钢牌号表示方法→碳素钢的分类。

83.（　　）电压是电场内任意两点间的电位差，电压的方向规定从低电位到高电位，就是电位升的方向。

【解析】答案：×

本题主要考核电压与电位的关系：电位表示电荷在电场中某点所具有的电位能的大小。电荷在电路中某点的电位，等于电场力把单位正电荷从该点移送到定为零电位的参考点所作的功。电压是电场内任意两点间的电位差。电压的方向规定从高电位到低电位，就是电位降的方向。

【鉴定点分布】基本要求→基础知识→电工基本知识→直流电与电磁的基本知识→电路及有关物理量→电位与电压。

84.（　　）焊接过程中有很多污染环境的有害因素，其中属于化学有害因素的是焊接弧光、高频电磁场、焊接烟尘及有害气体等。

【解析】答案：×

本题主要考核焊接环境中属于化学有害的因素：焊接烟尘和有害气体等。

【鉴定点分布】基本要求→基础知识→安全保护和环境保护知识→焊接环境保护→焊接环境→焊接污染环境的有害因素。

85.（　　）焊接作业点多、作业分散、流动性大的焊接作业场所应采用局部通风。

【解析】答案：×

本题主要考核焊接作业点多、作业分散、流动性大的焊接作业场所应采用的通风方式：全面通风方式不受电焊工作地点布置的限制，不妨碍工人操作，但散发的电焊烟气仍可能通过工人呼吸带。焊接作业点多、作业分散、流动性大的焊接作业场所应采用全面通风。

【鉴定点分布】基本要求→基础知识→安全保护和环境保护知识→焊接劳动保护知识→焊接劳动保护措施→焊接作业个人防护措施重点→通风措施。

86.（　　）高钒铸铁焊条是铁基焊条类型。

【解析】答案：×

本题主要考核铸铁焊条的知识：根据国家标准《铸铁焊条及焊丝》（GB 10044—2006）的规定，高钒铸铁焊条是其他焊条类型。

【鉴定点分布】相关知识→焊前准备→焊接材料→铸铁焊接材料→铸铁焊条的

种类。

87.（　　）铸铁开深坡口焊补时，常采用栽螺钉法的目的是为了防止熔融金属外流。

【解析】答案：×

本题主要考核铸铁开深坡口焊补时，常采用栽螺钉法的目的：开深坡口时，由于缺陷体积大，焊接层数多，焊接应力也会很大，容易引起焊缝与母材剥离，因此常采用栽螺钉法，即在母材上钻孔并攻螺纹，拧入钢质螺钉。焊接时先绕螺钉焊接，再焊螺钉之间。由于螺钉承担了部分焊接应力，可防止焊缝剥离。

【鉴定点分布】相关知识→焊前准备→工件准备→铸铁→铸铁焊前准备要求→准备坡口。

88.（　　）铜及铜合金工件适合采用全位置焊接。

【解析】答案：×

本题主要考核有色金属铜及铜合金是否适用全位置焊接：不适用全位置焊接，是因为铜在熔化温度时，表面张力比铁小 1/3，流动性比钢大 1～1.5 倍，因此熔化金属易流失。

【鉴定点分布】相关知识→焊前准备→工件准备→有色金属→铜及铜合金→铜及铜合金的焊前准备。

89.（　　）铜及铜合金单面焊双面成型时，为保证焊缝成型，接头背面采用成型垫板。

【解析】答案：√

本题主要考核铜及铜合金单面焊双面成型时，为保证焊缝成型，接头背面是否需要成型垫板：铜及铜合金采用单面焊接头，特别是采用开坡口的单面焊接头时，必须在背面加成型垫板，才不致使液态铜流失而无法获得所要求的焊缝形状。在没有采用焊缝成型装置的情况下，可选用双面焊接头，以保证良好的焊缝成型。

【鉴定点分布】相关知识→焊前准备→工件准备→有色金属→铜及铜合金→铜及铜合金的焊前准备→采用单面焊接头。

90.（　　）焊接接头夏比冲击试验用以测定焊接接头各区域的冲击强度。

【解析】答案：×

本题主要考核焊接接头冲击试验的目的：焊接接头的冲击试验是以国家标准《焊接接头冲击试验方法》（GB 2650—2008）为依据进行的。该标准规定了金属材料焊接接头夏比冲击试验方法，用以测定焊接接头各区域的冲击吸收功（即冲击韧性）。

【鉴定点分布】相关知识→焊接→焊接接头试验→焊接接头力学性能试验→冲击

试验。

91.（　　）焊接接头硬度试验标准适用于所有焊接接头。

【解析】 答案：×

本题主要考核焊接接头硬度试验标准的适用范围：焊接接头硬度试验是以国家标准《焊接接头硬度试验方法》（GB 2654—2008）为依据进行的，该标准适用于熔焊和压焊焊接接头以及堆焊金属，而金属的焊接方法包括熔焊、压焊和钎焊。

【鉴定点分布】 相关知识→焊接→焊接接头试验→焊接接头力学性能试验→硬度试验。

92.（　　）灰铸铁焊接时，当采用非铸铁型材料焊接，焊缝也会产生裂纹。

【解析】 答案：√

本题主要考核灰铸铁采用非铸铁型材料焊接时，焊缝容易产生的缺陷：目前，铸铁电弧冷焊采用异质焊接材料（如纯镍铸铁焊条、镍铁铸铁焊条、铜铁铸铁焊条、高钒铸铁焊条、普通低碳钢焊条等），得到非铸铁焊缝（如钢焊缝、有色金属焊缝等）。铸铁电弧冷焊采用非铸铁型焊接材料时，不仅要根据焊补要求正确选择焊接材料，而且要特别注意掌握焊补工艺特点。异质焊接材料电弧冷焊的着眼点仍然是防止裂纹，减弱白口铸铁组织和淬硬组织的产生。

【鉴定点分布】 相关知识→焊接→铸铁焊接→灰铸铁的焊接→焊条电弧焊→冷焊方法。

93.（　　）埋弧焊熔合比最小，电弧搅拌作用强烈，形成的过渡层比较均匀，是异种钢焊接应用极为广泛的焊接方法。

【解析】 答案：×

本题主要考核各种焊接方法的熔合比及异种钢焊接最适宜的焊接方法：带极埋弧堆焊和不熔化极气体保护焊熔合比最小，是焊接异种钢常用的焊接方法，不熔化极气体保护焊（常用钨极氩弧焊）的熔合比能在一个相当宽的范围内变化，当不采用填充金属材料时，熔合比可达到100%，因此焊接异种钢时，必须加填充金属，并采用小线能量，以减小熔合比。焊条电弧焊的熔合比比较小，灵活性较大，适用范围广，异种钢焊接时，应用极为广泛。熔化极气体保护焊熔合比也比较小，可以用于异种钢的焊接。埋弧焊则需注意限制线能量，控制熔合比，由于埋弧焊搅拌作用强烈，高温停留时间长，形成的过渡层比较均匀。

【鉴定点分布】 相关知识→焊接→异种金属的焊接→奥氏体不锈钢与珠光体钢的焊接→焊接方法选择。

94.（　　）在仰焊区段内焊接时，焊条要顶住坡口钝边外缘，电弧压得越低越好，以保证管内金属饱满，防止产生内凹。

【解析】答案：√

本题主要考核水平固定管打底焊操作的知识：用断弧法逐点进行焊接。在仰焊区段内焊接时，焊条要顶住坡口钝边外缘，电弧压得越低越好，以保证管内金属饱满，防止产生内凹。在立焊位、平焊位焊接时，焊条向坡口里面压送应浅一些，防止产生焊瘤。另外，每一根焊条焊完灭弧前，应注意向熔池少量填充2～3滴铁液再熄弧，防止产生弧坑缩孔。

【鉴定点分布】相关知识→焊接→焊条电弧焊技术→管的水平固定焊→打底焊。

95.（　　）骑坐式管板仰焊位盖面焊，采用多道焊时可有效防止产生咬边缺陷，外观平整、成型好。

【解析】答案：×

本题主要考核骑坐式管板仰焊操作的知识：骑坐式管板仰焊位盖面焊接有两种焊接方法：一是单道焊，二是多道焊。单道焊优点是外观平整、成型好，缺点是对操作稳定性要求较高，焊缝表面易下垂。多道焊优点是运条动作小、熔池小，可有效防止产生未熔合、咬边等缺陷，缺点是层与层搭接影响外观。

【鉴定点分布】相关知识→焊接→焊条电弧焊技术→骑坐式管板的仰焊→操作要点和注意事项。

96.（　　）圆筒形容器受力均匀，在相同壁厚条件下，承载能力最高，故应用广泛。

【解析】答案：×

本题主要考核筒体形状与受力的知识：圆筒形容器其几何形状属于轴对称式，受力状态不如球形容器，因外形没有突变，应力较均匀，比球形容器易于制造，内件便于安装，故应用较广。

【鉴定点分布】相关知识→焊接→典型容器和结构焊接→锅炉与压力容器的基本知识→压力容器的基本知识→压力容器结构→筒体。

97.（　　）压力容器专用钢材的磷的质量分数不应大于0.30％。

【解析】答案：×

本题主要考核压力容器专用钢材要求的知识：压力容器专用钢材的磷的质量分数不应大于0.03％，硫的质量分数不应大于0.02％。

【鉴定点分布】相关知识→焊接→典型容器和结构的焊接→典型容器的焊接→压力容器的焊接→对压力容器的材料要求。

98.（　　）焊接工字梁应尽量采用短加强肋。

【解析】答案：×

本题主要考核焊接工字梁加强肋的知识：焊接工字梁应尽量不用短加强肋，因为短加强肋焊在腹板受压区，使腹板局部加热产生焊接变形，影响制造质量。

【鉴定点分布】相关知识→焊接→典型容器和结构的焊接→一般结构焊接→梁的焊接→梁的结构→肋的设置。

99. （　　）对于低温容器，焊缝不允许存在咬边。

【解析】答案：√

本题主要考核压力容器焊缝对咬边的要求：压力容器焊缝对表面的咬边是有一定要求的，而对于低温容器焊缝则不允许存在咬边，对于任何咬边缺陷都应进行修磨和焊补磨光，并做表面探伤。

【鉴定点分布】相关知识→焊后检查→焊接缺陷分析→典型容器和结构的缺陷→压力容器焊接缺陷→咬边。

100. （　　）荧光探伤时，由于荧光液和显像粉的作用，缺陷处出现强烈的荧光，根据发光程度的不同，就可以确定缺陷的性质和深度。

【解析】答案：√

本题主要考核荧光探伤试验的原理：荧光探伤就是将发光材料（如荧光粉等）与具有很强渗透力的油液（如松节油、煤油等）按一定比例混合，将这些混合而成的荧光液涂在焊件表面，使其渗入到焊件表面缺陷内，待一定时间后，将焊件表面擦干净，再涂以显像粉，此时将焊件放在紫外线的辐射作用下，便能使渗入缺陷内的荧光液发光，缺陷就被发现了。

【鉴定点分布】相关知识→焊后检验→焊接检验→渗透试验→荧光探伤→试验方法。

高级焊工理论知识考题真题试卷（三）及其详解

一、单项选择题（第1~80题。选择一个正确的答案，将相应的字母填入题内的括号中。每题1分，满分80分。）

1. 职业道德的内容很丰富，但却不包括（　　）。

　　A. 职业道德守则　　　　　　　　　B. 职业道德培养

　　C. 职业道德品质　　　　　　　　　D. 职业道德效益

【解析】 答案：D

　　本题主要考核职业道德的内容：职业道德的内容很丰富，它包括职业道德意识、职业道德守则、职业道德行为规范，以及职业道德培养、职业道德品质等内容。

　　【鉴定点分布】 基本要求→职业道德→职业道德基本知识→职业道德的意义。

2. 从事职业活动的人要自觉遵守和职业活动、行为有关的制度和纪律，但（　　）不属于与职业活动有关的纪律。

　　A. 劳动纪律　　　　　　　　　　　B. 安全操作规程

　　C. 履行岗位职责　　　　　　　　　D. 遵守交通法规

【解析】 答案：D

　　本题主要考核从事职业活动的人，需要遵守的各项法规和制度：从事职业活动的人，既要遵守国家的法律法规和政策，又要自觉遵守和职业活动、行为有关的制度和纪律，如劳动纪律、安全操作规程，才能很好地履行岗位职责，完成企业分派的任务。

　　【鉴定点分布】 基本要求→职业道德→职业道德的基本规范。

3. 法兰基本形状为扁平的盘状结构，由于外形简单，主视图常取（　　）。

　　A. 端面剖视图　　　B. 半剖视图　　　C. 局部剖视图　　　D. 全剖视图

【解析】 答案：D

　　本题主要考核法兰剖视图的知识：法兰基本形状为扁平的盘状结构，其主要在车床上加工，在机器中的工作位置多为轴线呈水平状态。因此，通常按形状特征及加工位置原则，将轴线横放作为主视图的投影方向，由于外形简单，主视图常取全剖视图。

　　【鉴定点分布】 基本要求→基础知识→识图知识→常用零部件的画法及代号标注→

螺纹的规定画法与标注方法→法兰。

4. 在生产过程中，装配图不是进行（　　）的技术资料。

　　A. 维修　　　　　B. 加工　　　　　C. 安装　　　　　D. 装配

【解析】答案：B

本题主要考核在生产过程中装配图的使用：在生产过程中，装配图是进行装配、检验、安装及维修的重要技术资料。

【鉴定点分布】基本要求→基础知识→识图知识→简单装配图→概述。

5. 钢正火处理的目的不是为了（　　）。

　　A. 细化晶粒　　　　　　　　　　B. 提高钢的综合力学性能

　　C. 改善焊接接头性能　　　　　　D. 降低钢的硬度，便于加工

【解析】答案：D

本题主要考核正火的目的：正火可以细化晶粒，提高钢的综合力学性能，所以许多碳素钢和低合金钢常用来作为最终热处理。对于焊接结构，经正火后，能改善焊接接头性能，消除粗晶组织及组织不均匀等。

【鉴定点分布】基本要求→基础知识→金属热处理与金属材料→金属及热处理知识→钢的热处理基本知识。

6. 碳钢按化学成分分类，按钢的碳的质量分数分类，高碳钢的碳的质量分数（　　）。

　　A. ＜0.25％　　　　　　　　　　B. ≤0.25％～0.4％

　　C. ≤0.4％～0.6％　　　　　　　D. ＞0.6％

【解析】答案：D

本题主要考核碳钢化学成分分类的知识：按化学成分分类，按钢的碳的质量分数分类，可分为：

（1）低碳钢，碳的质量分数＜0.25％。

（2）中碳钢，碳的质量分数＝0.25％～0.60％。

（3）高碳钢，碳的质量分数＞0.60％。

【鉴定点分布】基本要求→基础知识→金属热处理与金属材料→常用金属材料知识→碳素钢的分类。

7. 凡是 $\sigma_s \geqslant 294$ MPa 的强度钢均可称为（　　）。

　　A. 耐热钢　　　B. 不锈钢　　　C. 优质碳素钢　　　D. 高强度钢

【解析】答案：D

本题主要考核 $\sigma_s \geqslant 294$ MPa 的强度钢：凡是 $\sigma_s \geqslant 294$ MPa 的强度钢均可称为高强

度钢。

【鉴定点分布】基本要求→基础知识→金属热处理与金属材料→常用金属材料知识→低合金钢的分类及牌号表示方法→常用低合金结构钢的成分、性能及用途。

8. 绝大部分触电死亡事故是由（　　）造成的。

　　A. 电伤　　　　　B. 电磁场　　　　　C. 电弧光　　　　　D. 电击

【解析】答案：D

本题主要考核造成触电死亡的原因：触电事故基本上是指电击，绝大部分触电死亡事故是由电击造成的。对于低压系统来说，在电流较小和通电时间不长的情况下，电流引起人的心室颤动是电击致死的主要原因。

【鉴定点分布】基本要求→基础知识→安全保护和环境保护知识→安全用电知识→电流对人体的伤害形式。

9. 焊工受到的熔化金属溅出烫伤等，属于（　　）伤害。

　　A. 弧光　　　　　B. 磁场　　　　　C. 电击　　　　　D. 电伤

【解析】答案：D

本题主要考核焊工受到的熔化金属溅出烫伤等属于什么伤害：电伤是电流的热效应、化学效应或机械效应对人体的伤害，其中主要是间接或直接的电弧烧伤、熔化金属溅出烫伤等。

【鉴定点分布】基本要求→基础知识→安全保护和环境保护知识→安全用电知识→电流对人体的伤害形式。

10. 国家标准规定工业企业噪声不应超过 85 dB，最高不能超过（　　）dB。

　　A. 105　　　　　B. 100　　　　　C. 95　　　　　D. 90

【解析】答案：D

本题主要考核消除和降低噪声的措施：国家标准规定工业企业噪声不应超过 85 dB，最高不能超过 90 dB。为了消除和降低噪声，经常采取隔声、消声、减振等一系列噪声控制技术。当仍不能将噪声降低到允许标准以下时，则应采用耳塞、耳罩或防噪声盔等个人噪声防护用品。

【鉴定点分布】基本要求→焊前准备→劳动保护和安全检查→劳动保护→劳动保护用品及使用→劳动保护用品种类及要求。

11. 下列焊条中，（　　）不是镍基铸铁焊条。

　　A. 镍铁铸铁焊条　　　　　　　　B. 灰铸铁焊条

　　C. 纯镍铸铁焊条　　　　　　　　D. 镍铜铸铁焊条

【解析】答案：B

本题主要考核铸铁焊条的种类：根据国家标准《铸铁焊条及焊丝》（GB/T 10044—2006）的规定，镍基铸铁焊条包括：纯镍铸铁焊条、镍铜铸铁焊条、镍铁铸铁焊条和镍铁铜铸铁焊条。

【鉴定点分布】 基本要求→焊前准备→焊接材料→铸铁焊接材料→铸铁焊条种类。

12. 气焊铸铁时，会由于硅（　　）而生成高熔点的酸性氧化物 SiO_2。

  A. 易氧化   B. 易还原   C. 易置换   D. 易酸化

【解析】 答案：A

本题主要考核气焊铸铁时，由于硅的什么性质而会生成高熔点的酸性氧化物 SiO_2，该性质为易氧化。

【鉴定点分布】 基本要求→焊前准备→焊接材料→铸铁焊接材料→铸铁焊粉。

13. 铝及铝合金焊条的国家标准是（　　）。

  A. GB 10044   B. GB 9460   C. GB 3669   D. GB/T 3670

【解析】 答案：C

本题主要考核铝及铝合金焊条的国家标准：依据《铝及铝合金焊条》（GB/T 3669—2001）的规定。

【鉴定点分布】 相关知识→焊前准备→焊接材料→有色金属焊接材料→有色金属焊条选用→铝及铝合金焊条。

14. 牌号为 HSCuZn—1 的焊丝是（　　）。

  A. 纯铜焊丝   B. 黄铜焊丝   C. 青铜焊丝   D. 白铜焊丝

【解析】 答案：B

本题主要考核铜及铜合金焊丝牌号的知识：依据《铜及铜合金焊丝》（GB/T 9460—2008）规定，牌号的编制方法为：

①牌号表示以焊丝的"焊"和"丝"字汉语拼音字母"H"和"S"作为牌号的标记；

②"HS"后面的化学元素符号表示焊丝的主要组成元素；

③元素符号后面的数字表示顺序号，代表不同的合金含量，并用短画"—"与前面的元素符号分开。

HSCuZn—1 HS—焊丝 CuZn—铜锌（黄铜） 1—顺序号。

【鉴定点分布】 相关知识→焊前准备→焊接材料→有色金属焊接材料→铜及铜合金焊丝。

15. 气焊黄铜时，为了抑制锌的蒸发，可选用含（　　）量高的黄铜焊丝。

  A. Mn   B. Ca   C. Si   D. Sb

【解析】答案：C

本题主要考核气焊黄铜时焊丝的选择：焊接黄铜时，为了抑制锌的蒸发，可选用含硅量高的黄铜或硅青铜焊丝，以避免锌蒸发所带来的不利影响。

【鉴定点分布】相关知识→焊前准备→焊接材料→有色金属焊接材料→铜及铜合金焊丝的选用。

16. 铸件待补焊处简单造型的目的，是使铸铁热焊时（　　　）。

　　A. 不产生烧穿　　　　　　　　B. 不产生热裂纹

　　C. 不使热量丧失　　　　　　　D. 不使熔融金属外流

【解析】答案：D

本题主要考核铸件待补焊处简单造型的目的：为保证焊接后的几何形状，不使熔融金属外流，可在铸件待补焊处简单造型，造型应牢固可靠，以免焊接过程中脱落。

【鉴定点分布】相关知识→焊前准备→工件准备→铸铁→铸铁焊前准备要求→准备坡口。

17. 铜及铜合金焊接时，应尽量采用（　　　）接头形式。

　　A. 搭接　　　　　B. 角接　　　　　C. T形　　　　　D. 对接

【解析】答案：D

本题主要考核铜及其合金焊接时的接头形式的问题：只有当被焊接头相对热源呈对称形时，接头两侧具备相同的传热条件，才能获得成型均匀的焊缝。因此，对接接头、端接接头是合理的，搭接接头、T形接头和角接接头应尽量不采用。

【鉴定点分布】相关知识→焊前准备→工件准备→有色金属→铜及其合金→焊前准备→接头形式及坡口准备。

18. 以下属于异种金属焊接的是（　　　）。

　　A. Q235 钢与低碳钢，采用 E4303 焊条

　　B. Q345 钢与 16 锰钢，采用 J507 焊条

　　C. Q235 钢与 lCr18Ni9，采用 E309－15 焊条

　　D. 在 20 号钢上采用 J422 焊条堆焊

【解析】答案：C

本题主要考核什么是异种金属焊接：从材料角度来看，异种金属焊接主要包括三种情况：异种钢焊接（如奥氏体钢与珠光体钢的焊接），异种有色金属焊接（如铜和铝的焊接），以及钢与有色金属焊接（如钢与铜、钢与铝的焊接）。从接头形式来看，也有三种情况：两种不同金属母材的接头（如钢与铜的接头），母材金属相同而采用不同焊缝金属的接头（如在低碳钢上堆焊奥氏体不锈钢），以及复合金属板的接头（如奥氏体不锈钢复合板的接头）。

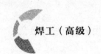

【鉴定点分布】相关知识→焊前准备→工件准备→异种金属→异种金属的概念。

19. 由于纯铜导热率高，所以气焊时，火焰能率应（　　　）。

    A. 比低碳钢小 1~2 倍   B. 比低碳钢大 1~2 倍

    C. 和低碳钢相同   D. 比低碳钢大 3~4 倍

【解析】答案：A

本题主要考核纯铜的气焊工艺：由于纯铜的导热率高，一般要选择比焊低碳钢时小 1~2 倍的火焰能率进行焊接，并且在焊前须将焊件进行预热，中小焊件预热温度为 400~500℃，厚大焊件的预热温度为 600~700℃。

【鉴定点分布】相关知识→焊接→有色金属的焊接→铜及其合金的焊接→铜及其合金焊接性→纯铜焊接工艺。

20. 焊接接头拉伸试样有（　　　）种形式。

    A. 1   B. 2   C. 3   D. 4

【解析】答案：C

本题主要考核焊接接头拉伸试样有几种形式：接头拉伸试样的形状分为板形、整管和圆形三种，可根据要求选用。

【鉴定点分布】相关知识→焊接→焊接接头试验→焊接接头力学性能试验→拉伸试验。

21. 焊接接头常温拉伸试验的合格标准是焊接接头的（　　　）不低于母材规定值的下限。

    A. 抗拉强度   B. 屈服强度   C. 冲击韧性   D. 延伸率

【解析】答案：A

本题主要考核拉伸试验的合格标准：焊接接头常温拉伸试验的合格标准是焊接接头的抗拉强度不低于母材抗拉强度规定值的下限。异种钢焊接接头的抗拉强度按抗拉强度规定值下限较低一侧的母材规定值进行评定。

【鉴定点分布】相关知识→焊接→焊接接头试验→焊接接头力学性能试验→拉伸试验。

22. 焊接接头弯曲试验的标准是（　　　）。

    A. GB 2651   B. GB 2653   C. GB 2650   D. GB 2654

【解析】答案：B

本题主要考核弯曲试验执行的标准：焊接接头的弯曲试验是以国家标准《焊接接头弯曲试验方法》（GB/T 2653—2008）为依据进行的，该标准适用于熔焊和压焊对接接头。

【鉴定点分布】相关知识→焊接→焊接接头试验→焊接接头力学性能试验→弯曲试验。

23. ( ) 不符合冲击试验试样的尺寸。

    A. $10 \times 10 \times 55$ B. $10 \times 7.5 \times 55$

    C. $10 \times 5 \times 55$ D. $10 \times 2.5 \times 55$

【解析】答案：D

本题主要考核冲击试验试样的尺寸：冲击试验标准规定：对于板厚大于 10 mm 的，试样按 $10 \times 10 \times 55$ 加工；板厚 8～10 mm 的，试样按 $10 \times 7.5 \times 55$ 加工；板厚 6～7 mm 的，试样按 $10 \times 5 \times 55$ 加工；板厚小于等于 5 mm 的，可不做冲击试验。

【鉴定点分布】相关知识→焊接→焊接接头试验→焊接接头力学性能试验→冲击试验。

24. 每个部位的 3 个试样冲击功的算术平均值不应低于母材标准规定的最低值，但允许其中有一个试样的冲击功低于规定值，但不得低于规定值的 ( )。

    A. 60%   B. 70%   C. 80%   D. 85%

【解析】答案：B

本题主要考核冲击试验的合格标准：焊接接头的冲击试验是以国家标准《焊接接头冲击试验方法》（GB/T 2650—2008）为依据，常温冲击试验的合格标准为：每个部位的 3 个试样冲击功的算术平均值不应低于母材标准规定的最低值，但允许其中有一个试样低于规定值，但不得低于规定值的 70%。

【鉴定点分布】相关知识→焊接→焊接接头试验→焊接接头力学性能试验→冲击试验。

25. 焊接接头力学性能试验可以用来测定 ( )。

    A. 焊缝的化学成分   B. 焊缝的金相组织

    C. 焊缝的耐腐蚀性   D. 焊缝的韧性

【解析】答案：D

本题主要考核工作试验方法的应用：化学分析可以测得焊缝的化学成分；金相试验可以判定焊缝的金相组织；耐腐蚀试验可以测得焊缝的耐腐蚀性；力学性能试验可以测定焊缝的强度、塑性和冲击韧性。

【鉴定点分布】相关知识→焊接→焊接接头试验→力学性能试验。

26. 弯曲试样中没有 ( )。

    A. 背弯试样   B. 直弯试样   C. 侧弯试样   D. 正弯试样

【解析】答案：B

本题主要考核弯曲试样形式：焊接接头的弯曲试验是以国家标准《焊接接头弯曲试验方法》（GB/T 2653—2008）为依据进行的，该标准规定了金属材料焊接接头的横向正弯及背弯试验、横向侧弯试验、纵向正弯和背弯试验以及管材的压扁试验的形式。

【鉴定点分布】 相关知识→焊接→焊接接头试验→焊接接头力学性能试验→弯曲试验。

27. 弯曲试验时，（   ）的试样数量不少于两个。

    A. 正弯   B. 背弯   C. 纵弯   D. 侧弯

【解析】 答案：C

本题主要考核弯曲试样加工规定，试样数量，正弯、背弯、侧弯试样各不少于一个，纵弯试样不少于两个。

【鉴定点分布】 相关知识→焊接→焊接接头试验→焊接接头力学性能试验→弯曲试验。

28. 试样弯曲到规定角度后，其拉伸面上如有长度大于（   ）的横向裂纹，则评为不合格。

    A. 1.5 mm   B. 2 mm   C. 2.5 mm   D. 3 mm

【解析】 答案：A

本题主要考核弯曲试验的合格标准：焊接接头的弯曲试验是以国家标准《焊接接头弯曲试验方法》（GB/T 2653—2008）为依据，规定试样弯曲到规定的角度后，其拉伸面上如有长度大于1.5 mm的横向裂纹或缺陷，或出现长度大于3 mm的纵向裂纹或缺陷，则评为不合格。试样的棱角开裂不计，但确因焊接缺陷引起的棱角开裂的长度应进行评定。

【鉴定点分布】 相关知识→焊接→焊接接头试验→力学性能试验→弯曲试验。

29. 布氏硬度试验时，相邻压痕中心的间距，不应小于压痕直径的（   ）倍。

    A. 4   B. 3   C. 2   D. 1

【解析】 答案：A

本题主要考核布氏硬度试验的方法：进行硬度试验时，为获得正确的试验结果，必须注意测量点之间的距离。布氏硬度试验时，相邻压痕中心的间距，不应小于压痕直径的4倍。

【鉴定点分布】 相关知识→焊接→焊接接头试验→力学性能试验→硬度试验。

30. 通过焊接性试验，可以选定适合母材的焊接材料，确定合适的焊接工艺参数及（   ），还可以用来研制新的焊接材料。

    A. 焊接电流、电压和速度   B. 药皮类型

C. 焊接方法　　　　　　　　　　D. 焊后热处理工艺参数

【解析】答案：D

本题主要考核焊接性试验的目的：是用来评定母材焊接性能的好坏。通过焊接性试验，可以选定适合母材的焊接材料，确定合适的焊接工艺参数及焊后热处理工艺参数，还可以用来研制新的焊接材料。

【鉴定点分布】相关知识→焊接→焊接接头试验→焊接性试验。

31. 斜 Y 型坡口对接裂纹试验，当采用手工焊接时，在坡口（　　）引弧，收弧需离开坡口。

　　A. 上　　　　　　B. 中　　　　　　C. 外　　　　　　D. 内

【解析】答案：C

本题主要考核焊接性试验焊接操作的知识：当采用手工焊时，在坡口外引弧，收弧也须离开坡口。

【鉴定点分布】相关知识→焊接→焊接接头试验→焊接性试验→焊接操作。

32. 斜 Y 型坡口对接裂纹试验，评定的方法有（　　）种。

　　A. 2　　　　　　B. 3　　　　　　C. 4　　　　　　D. 5

【解析】答案：B

本题主要考核斜 Y 型坡口对接裂纹试验的评定方法有几种方式：焊缝表面裂纹的检查和计算、焊缝根部裂纹的检查和计算，以及焊缝横断面裂缝的检查和计算。

【鉴定点分布】相关知识→焊接→焊接接头试验→焊接性试验→评定方法。

33. 对斜 Y 型坡口对接裂纹试样 5 个横断面分别计算出其裂纹率，然后求出平均值的是（　　）裂纹率。

　　A. 根部　　　　　　B. 断面　　　　　　C. 弧坑　　　　　　D. 表面

【解析】答案：B

本题主要考核有关焊缝横断面裂缝的检查和计算的知识：对试件的五个横断面进行断面裂纹检查，要求测出裂纹的高度，用 $CS = (HC/H) \times 100\%$ 的公式，对这五个横断面分别计算出其裂纹率，然后求出其平均值来。

【鉴定点分布】相关知识→焊接→焊接接头试验→焊接性试验→焊缝横断面裂缝的检查和计算。

34. 一般认为斜 Y 型坡口对接裂纹试验方法，裂纹总长小于试验焊缝长度的（　　），在实际生产中就不致发生裂纹。

　　A. 5%　　　　　　B. 10%　　　　　　C. 15%　　　　　　D. 20%

【解析】答案：D

本题主要考核断面裂纹率的应用：此试验方法由于两端固定，对焊缝有拘束作用，其拘束作用往往比实际结构（如船体、球形容器、桥梁等）的长焊缝还要大，所以一般认为只要裂纹总长小于试验焊缝长度的 20%，在实际生产中就不致发生裂纹。

【鉴定点分布】相关知识→焊接→焊接接头试验→焊接性试验→焊缝横断面裂缝的检查和计算。

35. 白口铸铁主要用来制造一些（　　）件，很少进行焊接。

    A. 耐蚀　　　　B. 耐磨　　　　C. 床身　　　　D. 机架

【解析】答案：B

本题主要考核白口铸铁特性的知识：白口铸铁中的碳几乎全部以渗碳体（Fe_3C）形式存在，断口呈白亮色，性质硬而脆，无法进行机械加工。它主要是用来制造一些耐磨件，应用很少，并且很少进行焊接。

【鉴定点分布】相关知识→焊接→铸铁焊接→铸铁的分类、牌号及特性→白口铸铁。

36. 碳是以片状石墨的形式分布于金属基体中的铸铁是（　　）。

    A. 白口铸铁　　　B. 球墨铸铁　　　C. 可锻铸铁　　　D. 灰铸铁

【解析】答案：D

本题主要考核灰铸铁特性的知识：灰铸铁中的碳是以片状石墨的形式分布于金属基体中（基体可为铁素体、珠光体或铁素体＋珠光体），断口呈暗灰色。

【鉴定点分布】相关知识→焊接→铸铁焊接→铸铁的分类、牌号及特性→灰铸铁。

37. 球状石墨对金属基体的损坏、减小有效承载面积以及引起应力集中等危害作用，均比片状石墨的灰铸铁小得多，因此球墨铸铁具有比灰铸铁高的（　　）。

    A. 力学性能　　B. 耐腐蚀性能　　C. 硬度　　　　D. 低温性能

【解析】答案：A

本题主要考核球墨铸铁特性的知识：由于球状石墨对金属基体的损坏、减小有效承载面积以及引起应力集中等危害作用均比片状石墨的灰铸铁小得多，因此球墨铸铁具有比灰铸铁高的强度、塑性和韧性，并保持灰铸铁具有的耐磨、减振等特性。

【鉴定点分布】相关知识→焊接→铸铁焊接→铸铁的分类、牌号及特性。

38. SQTAl5Si5 是（　　）的牌号。

    A. 灰铸铁　　　B. 不锈钢　　　C. 黄铜　　　D. 耐蚀球墨铸铁

【解析】答案：D

本题主要考核铸铁的分类、牌号及特性的知识：在 SQTAl5Si5 中，"SQT" 表示耐蚀球墨铸铁，"Al5" 表示 Al 的质量分数为 5%，"Si5" 表示 Si 的质量分数为 5%。

【鉴定点分布】相关知识→焊接→铸铁焊接→铸铁的分类、牌号及特性。

39. 灰铸铁焊接时，焊接接头容易产生（　　），是灰铸铁焊接性较差的原因。

　　A. 未熔合　　　　B. 夹渣　　　　C. 塌陷　　　　D. 裂纹

【解析】答案：D

本题主要考核灰铸铁的焊接性：灰铸铁本身强度低，塑性极差，而焊接过程又具有工件受热不均匀、焊接应力大、冷却速度快等特点，因此，焊补铸铁时焊缝和热影响区容易产生裂纹。当接头存在白口铸铁组织时，由于白口铸铁组织硬而脆，而且冷却收缩率比灰铸铁母材大得多（白口铸铁收缩率为2.3％，而灰铸铁为1.26％），使得应力更加严重，加剧裂纹倾向。严重时可使整个焊缝沿半熔化区从母材上剥离下来。

【鉴定点分布】相关知识→焊接→铸铁焊接→灰铸铁焊接。

40. 灰铸铁的（　　）缺陷适用于采用铸铁芯焊条预热焊接的方法焊补。

　　A. 砂眼　　　　　　　　　　B. 不穿透气孔

　　C. 铸件的边、角处缺肉　　　D. 焊补处刚性较大

【解析】答案：D

本题主要考核灰铸铁热焊法的知识：因冷却速度慢，温度分布均匀，有利于防止白口铸铁组织，减小应力，也有利于防止裂纹。热焊法可得到铸铁组织焊缝，加工性好，焊缝强度、硬度、颜色与母材相同，但工艺复杂，生产周期长，成本高，焊接时劳动条件差，一般用于焊后需要加工、要求颜色一致、焊补处刚性较大、易产生裂纹及结构复杂的铸件。

【鉴定点分布】相关知识→焊接→铸铁焊接→灰铸铁焊接。

41. 铸铁焊补除用熔化焊外，还可以采用（　　）。

　　A. CO_2气体保护焊　　　　B. 堆焊

　　C. 钎焊　　　　　　　　　　D. 氩弧焊

【解析】答案：C

本题主要考核灰铸铁焊补方式的知识：铸铁焊补除用熔化焊外，还可以采用气焊火焰钎焊，母材不熔化，接头不会产生白口铸铁组织。一般用于对强度要求不高，颜色可不一致，仅要求切削加工的铸铁焊补。

【鉴定点分布】相关知识→焊接→铸铁焊接→灰铸铁焊接→其他焊补方法→钎焊。

42. 手工电渣焊的电极与型底距离是（　　）mm。

　　A. 10～15　　　B. 15～20　　　C. 20～25　　　D. 5～10

【解析】答案：B

本题主要考核灰铸铁手工电渣焊的知识：填充金属采用铸铁件加工下来的铁屑，

经 300～400℃加热除油，焊剂可采用 HJ230 或 HJ130。焊补前需造型并将缺陷处及型模预热到 300～600℃。焊补时渣池深度一般控制在 40～50 mm，电极与型底距离为 15～20 mm，焊接电流一般为 1 000～1 500 A。焊后应盖上干砂，缓冷 10～15 h 后拆型。

【鉴定点分布】 相关知识→焊接→铸铁焊接→灰铸铁焊接。

43. 一般采用 EZCQ 球墨铸铁焊条焊补，焊前工件应预热到（　　）℃。

    A. 200～300   B. 300～400   C. 500～700   D. 700～800

【解析】 答案：C

本题主要考核球墨铸铁焊条焊补的工艺：一般采用 EZCQ 球墨铸铁焊条焊补，焊前工件应预热到 500～700℃。焊后根据对基体组织的要求，可进行正火或退火处理。

【鉴定点分布】 相关知识→焊接→铸铁焊接→球磨铸铁焊接。

44. 焊接铝镁合金应采用（　　）。

    A. HS301   B. HS311   C. HS321   D. HS331

【解析】 答案：D

本题主要考核焊接铝镁合金焊接材料的知识：HS311（铝硅焊丝）是一种通用焊丝，主要成分为 Al＋Si5％，用这种焊丝焊接时，能产生较多的低熔共晶，抗热裂性能好，并能保证一定的接头性能。但用它焊接铝镁合金时，焊缝中会出现脆性相（如 Mg_2Si 等），降低接头的塑性和耐腐蚀性，因此用来焊接除铝镁合金以外的其他各种铝合金。焊接铝镁合金应采用 HS331（铝镁合金焊丝），焊丝中含有一定量的镁，抗热裂性能好，并可补偿焊接时镁的烧损。

【鉴定点分布】 相关知识→焊接→有色金属的焊接→铝及其合金的焊接→焊接工艺→焊接材料。

45. 钨极氩弧焊采用直流反接时，不会（　　）。

    A. 提高电弧稳定性   B. 产生阴极破碎作用

    C. 使焊缝夹钨   D. 使钨极熔化

【解析】 答案：A

本题主要考核钨极氩弧焊直流反接的问题：当采用直流反接时，工件为阴极，质量较大的正离子向工件运动，撞击工件表面，将氧化膜撞碎，具有阴极破碎作用。但直流反接时，钨极为正极，发热量大，钨极易熔化，影响电弧稳定，并容易使焊缝夹钨。

【鉴定点分布】 相关知识→焊接→有色金属的焊接→铝及其合金的焊接→焊接工艺。

46. 由于纯铜的（　　）不高，所以在机械结构零件中使用的都是铜合金。

    A. 导电性   B. 导热性   C. 低温性能   D. 力学性能

【解析】答案：D

本题主要考核铜及其合金分类及性能的知识：黄铜的导电性比纯铜差，但强度、硬度和耐腐蚀性都比纯铜高，能承受冷加工和热加工，价格比纯铜便宜，因此广泛用来制造各种结构零件，如散热器、冷凝器管道、船舶零件、汽车拖拉机零件、齿轮、垫圈、弹簧、各种螺钉等。

【鉴定点分布】相关知识→焊接→有色金属的焊接→铜及其合金的焊接→分类及性能。

47. 青铜的焊接主要用于焊补（　　）的缺陷和损坏的机件。

　　A. 不锈钢　　　　B. 碳钢　　　　C. 铸铁　　　　D. 耐热钢

【解析】答案：C

本题主要考核青铜焊接性的问题：青铜的焊接主要用于焊补铸件缺陷和损坏的机件。由于青铜的导热性接近钢，所以其焊接性比纯铜和黄铜都好。

【鉴定点分布】相关知识→焊接→有色金属的焊接→铜及其合金的焊接→焊接性。

48. 黄铜焊接时，由于（　　）的蒸发，会改变焊缝的化学成分。

　　A. Cu　　　　　B. Sn　　　　　C. Zn　　　　　D. Se

【解析】答案：C

本题主要考核黄铜焊接性的问题：黄铜焊接时有一个问题，就是锌的蒸发。锌的熔点为 420℃，燃点为 906℃，所以在焊接过程中，锌极易蒸发，在焊接区形成锌的白色烟雾。锌的蒸发不但改变了焊缝的化学成分，降低焊接接头的力学性能，而且使操作发生困难，锌蒸气是有毒气体，直接影响焊工的身体健康。

【鉴定点分布】相关知识→焊接→有色金属的焊接→铜及其合金的焊接→焊接性。

49. 纯铜气焊时，要求使用的焊接材料的重要作用之一是（　　）。

　　A. 脱硫　　　　　B. 脱磷　　　　　C. 脱氧　　　　　D. 脱氮

【解析】答案：C

本题主要考核纯铜气焊对焊接材料的要求：纯铜气焊时，使用的焊接材料重要作用之一是脱氧。所以一般情况下，焊接纯铜的焊丝中都含有脱氧剂，如 P、Si、Sn、Mn 等，常用的纯铜焊丝是 HS201 或 HS202。

【鉴定点分布】相关知识→焊接→有色金属的焊接→铜及其合金的焊接→焊接性。

50. 钛合金焊接时，热影响区氢含量增加及存在不利的应力状态，会引起（　　）。

　　A. 冷裂纹　　　B. 热裂纹　　　C. 热应力裂纹　　　D. 延迟裂纹

【解析】答案：D

本题主要考核钛及其合金焊接性的知识：钛合金焊接时，热影响区氢含量增加及存在不利的应力状态，会引起延迟裂纹。

【鉴定点分布】相关知识→焊接→有色金属的焊接→钛及其合金的焊接→焊接性。

51. 钛及钛合金熔化极氩弧焊比钨极氩弧焊有（　　）的优点。

　　A. 气孔多、成本高　　　　　　B. 气孔少、成本高

　　C. 气孔多、成本低　　　　　　D. 气孔少、成本低

【解析】答案：D

本题主要考核钛及其合金焊接方法的选用：熔化极氩弧焊比钨极氩弧焊有较大的热功率，用于中厚板的焊接，可减少焊接层数，提高焊接速度和生产率，降低成本，另外气孔也比钨极氩弧焊少。但熔化极氩弧焊时，由于焊丝熔化后的熔滴过渡过程中极易产生飞溅，使保护气流紊乱，造成空气卷入而污染焊缝，使用时为了加强保护应采用大直径喷嘴。

【鉴定点分布】相关知识→焊接→有色金属的焊接→钛及其合金的焊接→焊接工艺。

52. 钛及钛合金氩弧焊时，为了保护焊接高温区域，常采用焊件背面充氩及（　　）的方法。

　　A. 填加气焊粉　　　　　　　　B. 电弧周围加磁场

　　C. 喷嘴加拖罩　　　　　　　　D. 坡口背面加焊剂垫

【解析】答案：C

本题主要考核钛及其合金焊接保护的知识：喷嘴加拖罩。对于厚度大于 0.5 mm 的焊件来说，喷嘴已不足以保护焊缝和近缝区高温金属，需加拖罩，为便于操作，拖罩和喷嘴一般做成一体。氩气从拖罩中喷出，用以保护焊接高温区域。拖罩的尺寸可根据焊缝形状、焊件尺寸和操作方法确定。

【鉴定点分布】相关知识→焊接→有色金属的焊接→钛及其合金的焊接→焊接性。

53. （　　）焊接时不容易出现的问题是焊缝金属的稀释、过渡层和扩散层的形成及焊接接头高应力状态。

　　A. Q235 堆焊镍焊条　　　　　　B. Q235 堆焊不锈钢焊条

　　C. 16Mn 和 Q345 钢　　　　　　D. 16Mn 和 304

【解析】答案：C

本题主要考核异种金属的焊接性的知识：只有异种钢焊接才会出现焊缝金属的稀释、过渡层的形成和扩散层的形成及焊接接头高应力状态。16Mn 和 Q345 钢焊接属于相同材料的焊接，焊接时不会出现的问题是焊缝金属的稀释、过渡层和扩散层的形成及焊接接头高应力状态。

【鉴定点分布】相关知识→焊接→异种金属的焊接→异种金属的焊接性。

54. 异种钢焊接时，在靠近熔合线珠光体钢一侧形成脱碳层而软化，在奥氏体不

锈钢焊缝金属一侧形成（　　）而硬化。

  A. 奥氏体   B. 马氏体   C. 增碳层   D. 脱铬层

【解析】 答案：C

  本题主要考核有关异种钢焊接扩散层的相关知识：异种钢焊接时，会在靠近熔合线珠光体钢一侧形成脱碳层而软化，在奥氏体不锈钢焊缝金属一侧形成增碳层而硬化。脱碳层和增碳层的宽度，随温度的增高和高温停留时间的加长而增大。

  【鉴定点分布】 相关知识→焊接→异种金属的焊接→焊接性→过渡层的形成。

55. 焊接异种钢时，必须（　　），并采用小线能量，以减小熔合比。

  A. 加焊接填充材料   B. 采用小电流

  C. 采用快焊接速度   D. 采用低电弧

【解析】 答案：A

  本题主要考核异种钢采用氩弧焊焊接的要点：非熔化极气体保护焊（常用钨极氩弧焊）的熔合比能在一个相当宽的范围内变化，当不采用填充金属材料时，熔合比可达到100%，因此焊接异种钢时，必须加填充金属，并采用小线能量，以减小熔合比。

  【鉴定点分布】 相关知识→焊接→异种金属的焊接→焊接方法的选择。

56. 焊接异种钢时，（　　）熔合比最小。

  A. 焊条电弧焊   B. 埋弧焊

  C. 不熔化极气体保护焊   D. 带极堆焊

【解析】 答案：D

  本题主要考核各种焊接方法焊接异种钢熔合比的比较：焊接异种钢时，带极堆焊熔合比最小。如图所示：

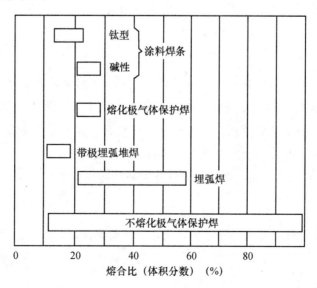

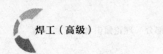

【鉴定点分布】 相关知识→焊接→异种金属的焊接→焊接方法的选择。

57. 异种钢焊接由于（　　）原因，在焊接时，受到迅速加热和冷却，必然产生很大的热应力。

    A. 线膨胀系数和硬度不同的   B. 线膨胀系数和磁性不同的

    C. 线膨胀系数和组织不同的   D. 线膨胀系数和导热率不同的

【解析】 答案：D

本题主要考核何种原因造成异种钢焊接，产生很大的热应力：其原因是奥氏体钢母材和焊缝金属的线膨胀系数比珠光体钢母材大1.5倍左右，而热导率却只有珠光体钢的1/2左右。因此在焊接时，受到迅速加热和冷却，必然产生很大的热应力。同时异种钢焊接接头在交变温度条件下工作时，容易形成所谓热疲劳裂纹。

【鉴定点分布】 相关知识→焊接→异种金属的焊接→焊接性→焊接接头的高应力状态。

58. 复层和基层的交界处的焊接，应按（　　）焊接原则选择焊接材料。

    A. 不锈钢   B. 碳素钢   C. 耐热钢   D. 异种钢

【解析】 答案：D

本题主要考核复合板焊接材料的选择原则：复层和基层分别选用与之相适宜的焊条或焊丝，但复层和基层的交界处属于异种钢焊接，应按异种钢焊接原则选择焊接材料。

【鉴定点分布】 相关知识→焊接→异种金属的焊接→操作技术。

59. 将开好坡口的不锈钢复合板装配好，首先用基层焊接材料焊接基层，然后背面清焊根，将复层一侧加工成圆弧，为了防止未焊透，要加工到暴露出（　　）为止。

    A. 基材   B. 母材金属   C. 第一层焊缝   D. 过渡层

【解析】 答案：C

本题主要考核复合板焊接，背面清焊根的知识：不锈钢复合板装配好，首先用基层焊接材料焊接基层，然后背面清焊根，将复层一侧加工成圆弧，为了防止未焊透，要加工到暴露出第一层焊缝为止。再用过渡层焊接材料焊接基层和复层的交界处，其在复层中的厚度越少越好。最后用复层焊接材料焊接复层。

【鉴定点分布】 相关知识→焊接→异种金属的焊接→操作技术→不锈钢复合板的焊接。

60. 不锈钢复合板的复层接触工作介质，保证耐腐蚀性，（　　）靠基层获得。

    A. 硬度   B. 塑性   C. 韧性   D. 强度

【解析】 答案：D

本题主要考核不锈钢复合板的特性：不锈钢复合板是一种新型材料，它是由较薄的复层（常用 1Cr18Ni9Ti、Cr18Ni12Ti、Cr17Ni13Mo2Ti、0Cr13 等不锈钢）和较厚的基层［常用 Q235、Q345（16Mn）、12CrMo 等珠光体钢］复合轧制而成的双金属板。复层通常只有 1.5～3 mm 厚，它和工作介质相接触，保证其有较好的耐腐蚀性，强度靠基层获得。

【鉴定点分布】相关知识→焊接→异种金属的焊接→奥氏体不锈钢与珠光体钢的焊接→操作技术→不锈钢复合板的焊接。

61. 仿形气割机的割炬是（ ）移动，切割出所需形状的工件的。

    A. 沿着轨道   B. 根据图样

    C. 按照给定的程序   D. 随着磁头沿一定形状的靠模

【解析】答案：D

本题主要考核仿形气割机的工作原理：利用磁力靠模原理进行仿形切割。割炬随着磁头（或称磁性滚轮）沿一定形状的靠模（或称样板）移动，切割出所需形状的工件。磁性靠轮由漆包线绕成的电磁线圈或永久磁铁做成，能吸附在钢制样板的边缘处，滚轮旋转时便会沿着样板的边缘向前移动，同时带动割嘴仿照样板的形状进行切割。

【鉴定点分布】相关知识→焊接→气割机→仿形气割机的特点。

62. （ ）不是数控气割机的优点。

    A. 省去放样、划线等工序   B. 生产效率高

    C. 切口质量好   D. 成本低、设备简单

【解析】答案：D

本题主要考核数控气割机的优点：数控自动气割机不仅可省去放样、划线等工序，使焊工劳动强度大大降低，而且切口质量好，生产效率高，因此这种新技术的应用范围正在日益扩大。

【鉴定点分布】相关知识→焊接→气割机→数控气割机。

63. （ ）不是锅炉和压力容器与一般机械设备所不同的特点。

    A. 使用广泛   B. 工作条件恶劣

    C. 不要求连续运行   D. 容易发生事故

【解析】答案：C

本题主要考核锅炉和压力容器与一般机械设备所不同的特点：①工作条件恶劣；②容易发生事故；③使用广泛并要求连续运行。

【鉴定点分布】相关知识→焊接→典型容器和结构的焊接→锅炉与压力容器的基本知识→锅炉压力容器特点。

64. （   ）、温度和介质是锅炉压力容器的工作条件。

    A. 额定时间   B. 工作应力   C. 额定压力   D. 工作载荷

【解析】答案：D

本题主要考核锅炉压力容器的工作条件：包括载荷、温度和介质等。

【鉴定点分布】相关知识→焊接→典型容器和结构的焊接→锅炉与压力容器的基本知识→锅炉压力容器特点。

65. （   ）容器的设计压力为 0.1 MPa≤P＜1.6 MPa。

    A. 超高压   B. 高压   C. 中压   D. 低压

【解析】答案：D

本题主要考核按容器的设计压力等级对容器进行分类：容器根据其设计压力（P），分为低压容器、中压容器、高压容器、超高压容器四类，其中低压容器的设计压力为 0.1 MPa≤P＜1.6 MPa。

【鉴定点分布】相关知识→焊接→典型容器和结构的焊接→锅炉与压力容器的基本知识→压力容器基本知识。

66. 超高压容器的（   ）为 P＞100 MPa。

    A. 工作压力   B. 试验压力   C. 计算压力   D. 设计压力

【解析】答案：D

本题主要考核按容器的设计压力等级对容器进行分类：容器根据其设计压力（P），分为低压容器、中压容器、高压容器、超高压容器四类，其中超高压容器要求 P＞100 MPa。

【鉴定点分布】相关知识→焊接→典型容器和结构的焊接→锅炉与压力容器的基本知识→压力容器基本知识。

67. 属于《容规》适用范围内的（   ）压力容器，其压力、介质危害程度等条件最高。

    A. 第四类   B. 第三类   C. 第二类   D. 第一类

【解析】答案：B

本题主要考核《容规》适用范围内第三类压力容器划分的条件：《容规》（1999版）的分类法，为了有利于安全技术监督和管理，将《容规》适用范围内的压力容器划分为三类，下列情况之一的，为第三类压力容器：

a. 高压容器。

b. 中压容器（仅限毒性程度为极度和高度危害介质）。

c. 中压储存容器（仅限易燃或毒性程度为中度危害介质，且 $P×V$ 乘积大于等于 10 MPa·m³）。

d. 中压反应容器（仅限易燃或毒性程度为中度危害介质，且 $P \times V$ 乘积大于等于 0.5 MPam^3）。

e. 低压容器（仅限毒性程度为极度和高度危害介质，且 $P \times V$ 乘积大于等于 0.2 MPam^3）。

【鉴定点分布】相关知识→焊接→典型容器和结构的焊接→锅炉与压力容器的基本知识→压力容器基本知识。

68. 一般低压容器为《容规》适用范围内的（　　）压力容器。

　　A. 第四类　　　　B. 第三类　　　　C. 第二类　　　　D. 第一类

【解析】答案：D

本题主要考核《容规》适用范围压力容器划分的知识：低压容器为第一类压力容器。

【鉴定点分布】相关知识→焊接→典型容器和结构的焊接→锅炉与压力容器的基本知识→压力容器基本知识。

69. 在压力容器应力集中的地方，如筒体上的开孔处，必要时要进行（　　）。

　　A. 机械加工　　　　　　　　　　B. 热处理

　　C. 耐腐蚀处理　　　　　　　　　D. 适当的补强

【解析】答案：D

本题主要考核压力容器对强度的要求：压力容器是带有爆炸危险的设备，为了保证生产和工人的人身安全，容器的每个部件都必须具有足够的强度，并且在应力集中的地方，如筒体上的开孔处，必要时还要进行适当的补强。

【鉴定点分布】相关知识→焊接→典型容器和结构的焊接→典型容器的焊接。

70. 压力容器相邻的两筒节间的纵缝应错开，其焊缝中心线之间的外圆弧长一般应大于（　　），且不小于 100 mm。

　　A. 筒体厚度的 3 倍　　　　　　　B. 焊缝宽度的 3 倍

　　C. 筒体厚度的 2 倍　　　　　　　D. 焊缝宽度的 2 倍

【解析】答案：A

本题主要考核压力容器组焊的要求：不宜采用十字焊缝，相邻的两筒节间的纵缝和封头拼接焊缝与相邻筒节的纵缝应错开，其焊缝中心线之间的外圆弧长一般应大于筒体厚度的 3 倍，且不小于 100 mm。

【鉴定点分布】相关知识→焊接→典型容器和结构的焊接→典型容器的焊接。

71. 焊接梁的翼板和腹板的角焊缝时，通常采用（　　）。

　　A. 半自动焊全位置焊　　　　　　B. 焊条电弧焊全位置焊

C. 半自动焊横焊　　　　　　　　　D. 自动焊船形

【解析】答案：D

本题主要考核梁的翼板和腹板的角焊缝的最佳方式：当翼板和腹板组装后，即可焊接角焊缝。由于该焊缝长而规则，通常采用自动焊，并最好采用船形位置焊接。

【鉴定点分布】相关知识→焊接→典型容器和结构的焊接→一般结构焊接→梁的焊接。

72. 工作时承受压缩的杆件叫（　　）。

A. 管道　　　　　B. 梁　　　　　C. 轨道　　　　　D. 柱

【解析】答案：D

本题主要考核什么是柱：工作时承受压缩的杆件叫柱。柱广泛地应用于许多工程结构和机器结构上，例如矿山、港口的运输管道和栈架的支撑柱、工程机械中的受压杆、起重机的臂架和门架支腿以及石油井架等都属于这一类型的构件。

【鉴定点分布】相关知识→焊接→典型容器和结构的焊接→一般结构焊接→柱的焊接。

73. 铸铁焊条药皮类型多为石墨型，可防止产生（　　）。

A. 氢气孔　　　B. 氮气孔　　　C. CO 气孔　　　D. 反应气孔

【解析】答案：C

本题主要考核铸铁焊接时，如何防止 CO 气孔措施的知识：利用药皮脱氧。铸铁焊条药皮类型多为石墨型（如 Zxx8），石墨也就是碳，由于碳是强脱氧剂（即还原剂），所以可防止焊缝中的碳氧化，防止和消除 CO 气孔。

【鉴定点分布】相关知识→焊后检查→焊接缺陷分析→特殊材料焊接缺陷→铸铁焊接缺陷→气孔防止措施。

74. （　　）不是铸铁焊接时防止氢气孔的主要措施。

A. 严格清理焊丝表面的油、水、锈、污垢

B. 采用石墨型药皮焊条

C. 严格清理铸件坡口表面

D. 烘干焊条

【解析】答案：B

本题主要考核铸铁焊接时防止氢气孔的主要措施：

①严格清理。焊前严格清理铸件坡口和焊丝，除去表面的油、水、锈、污垢等，可以用汽油或丙酮擦洗，铸件坡口也可以用气焊火焰烧烤，但温度应控制在 400℃ 以下。

②烘干焊条。焊条使用前要烘干，特别是碱性焊条和石墨型焊条。碱性焊条烘干

温度为350～450℃，保温2 h，石墨型焊条烘干温度为200℃，保温2 h。

③采用直流反接。直流焊时采用反接极性，气孔倾向小。

【鉴定点分布】相关知识→焊后检查→焊接缺陷分析→特殊材料焊接缺陷→铸铁焊接缺陷。

75.（　　）不是铝合金焊接时防止气孔的主要措施。

　　A. 严格清理焊件和焊丝表面　　　　　B. 预热可降低冷却速度

　　C. 选用含5％Si的铝硅焊丝　　　　　D. 氢气纯度应大于99.99％

【解析】答案：C

本题主要考核铝合金焊接时防止气孔的主要措施：

①采用纯度高的保护气体。如按《氩》（GB/T 4842—2006）规定：用于焊接的氩气纯度应大于99.99％。

②严格清理焊件和焊丝。严格清理焊件和焊丝上的水、油、锈、污垢等，尤其应严格清理焊丝上的氧化膜。

③采用合理焊接工艺。如熔化极氩弧焊时，采用直流反接可减少气孔，预热可降低冷却速度，有利于氢的逸出。

【鉴定点分布】相关知识→焊后检查→焊接缺陷分析→特殊材料焊接缺陷→铝及铝合金焊接缺陷→气孔→气孔防止措施。

76. 在多层高压容器环焊缝的半熔化区产生带尾巴、形状似蝌蚪的气孔，这是由于（　　）所造成的。

　　A. 焊接材料中的硫、磷含量高　　　　B. 采用了较大的焊接线能量

　　C. 操作时焊条角度不正确　　　　　　D. 层板间有油、锈等杂物

【解析】答案：D

本题主要考核多层高压容器环焊缝焊接时，在半熔化区产生带尾巴、形状似蝌蚪气孔的原因：在多层高压容器焊接中，由于层板间有油、锈等杂物，在坡口面堆焊时易产生气孔。堆焊层正处在环缝的半熔合区，堆焊层内的气孔在焊接环焊缝时，可能处于熔化或半熔化状态，所以环焊缝的X光底片上，在环焊缝的半熔合区产生带尾巴的气孔，形状似蝌蚪。这也是多层高压容器环焊缝所特有的缺陷。为此，焊接前一定要认真清理坡口及层间杂质，焊条、焊剂要严格烘干，正确选择焊接工艺参数，对板厚的容器要进行预热，保持层间温度，以减慢冷却速度，保证气泡的逸出。

【鉴定点分布】相关知识→焊后检查→焊接缺陷分析→典型容器和结构的缺陷→压力容器焊接缺陷→气孔。

77. 一般来说，对锅炉压力容器和管道，焊后（　　）。

　　A. 可以不做水压试验　　　　　　　　B. 根据结构重要性做水压试验

C. 根据技术要求做水压试验　　　　D. 都必须做水压试验

【解析】答案：D

本题主要考核对水压试验的使用：一般来说，锅炉压力容器和压力管道焊后都必须做水压试验。

【鉴定点分布】相关知识→焊后检查→焊接检验→水压试验→试验目的。

78. 水压试验用的水温，低碳钢和16MnR钢不低于5℃，其他低合金钢不低于（　　）。

A. 5℃　　　　　B. 10℃　　　　　C. 15℃　　　　　D. 20℃

【解析】答案：C

本题主要考核水压试验用的水温：试验用的水温，低碳钢和16MnR钢不低于5℃，其他低合金钢不低于15℃。

【鉴定点分布】相关知识→焊后检查→焊接检验→水压试验→方法。

79. 荧光探伤用来发现各种焊接接头的表面缺陷，常作为（　　）的检查。

A. 大型压力容器　　　　　　　B. 小型焊接结构

C. 磁性材料工件　　　　　　　D. 非磁性材料工件

【解析】答案：D

本题主要考核荧光探伤的知识：荧光探伤是一种利用紫外线照射某些荧光物质，使其产生荧光的特性来检查表面缺陷的方法，常作为非磁性材料工件的检查。

【鉴定点分布】相关知识→焊后检查→焊接检验→渗透法试验→荧光探伤。

80. 荧光探伤时，由于荧光液和显像粉的作用，缺陷处出现强烈的荧光，根据（　　）的不同，就可以确定缺陷的位置和大小。

A. 发光停留的时间　　　　　　B. 光的波长

C. 光的颜色　　　　　　　　　D. 发光程度

【解析】答案：D

本题主要考核荧光探伤试验的原理：荧光探伤就是将发光材料（如荧光粉等）与具有很强渗透力的油液（如松节油、煤油等）按一定比例混合，将这些混合而成的荧光液涂在焊件表面，使其渗入到焊件表面缺陷内。待一定时间后，将焊件表面擦干净，再涂以显像粉，此时将焊件放在紫外线的辐射作用下，便能使渗入缺陷内的荧光液发光，缺陷就被发现了。

【鉴定点分布】相关知识→焊后检验→焊接检验→渗透试验→荧光探伤→试验方法。

二、判断题（第81～100题。将判断结果填入括号中。正确的填"√"，错误的填"×"，每题1分，满分20分。）

81.（   ）钢材的性能不仅取决于钢材的化学成分，而且取决于钢材的形状。

【解析】答案：×

本题主要考核金属晶体结构的知识：钢材的性能不仅取决于钢材的化学成分，而且取决于钢材的组织。

【鉴定点分布】基本要求→基础知识→金属热处理与金属材料→金属晶体结构。

82.（   ）钢淬火的目的是为了细化晶粒，提高钢的综合力学性能。

【解析】答案：×

本题主要考核钢的热处理基本知识：将钢（高碳钢和中碳钢）加热到A1（对过共析钢）或A3（对亚共析钢）以上30～70℃，在此温度下保持一段时间，然后快速冷却（水冷或油冷），使奥氏体来不及分解、合金元素来不及扩散而形成马氏体组织，称为淬火。淬火的目的是为了提高钢的硬度和耐磨性。在焊接中、高碳钢和某些低合金钢时，近缝区可能发生淬火现象而变硬，容易形成冷裂纹，这是在焊接过程中应注意防止的。

【鉴定点分布】基本要求→基础知识→金属热处理与金属材料→钢的热处理基本知识。

83.（   ）16MnNb钢是我国生产最早，也是目前焊接生产上用量最大的普通低合金高强度钢。

【解析】答案：×

本题主要考核常用低合金结构钢的成分、性能及用途的知识：在低合金高强度钢中，16Mn钢是我国生产最早，也是目前焊接生产上用量最大的普通低合金高强度钢。它只是比一般低碳钢多加入了少量的锰（1%左右），而屈服点却提高了40%～50%，为345 MPa。由于这类钢的冶炼、加工和焊接性能都比较好，因此，16Mn钢在我国广泛地应用于压力容器、起重机械、石油储罐、机车车辆、桥梁、船舶及矿山设备等的制造上。

【鉴定点分布】基本要求→基础知识→金属热处理与金属材料→常用低合金结构钢的成分、性能及用途。

84.（   ）低温钢必须保证在相应的低温下具有足够的低温强度，而对韧性并无要求。

【解析】答案：×

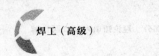

本题主要考核低温钢的知识：低温钢必须保证在相应的低温下具有足够高的低温韧性，而对强度并无要求。

【鉴定点分布】基本要求→基础知识→金属热处理与金属材料→常用低合金结构钢的成分、性能及用途→专用钢。

85.（　）电流或电压的大小和方向都随时间作周期性变化，这样的电流或电压就是交流电流或交流电压。

【解析】答案：√

本题主要考核交流电的定义：电流或电压的大小和方向都随时间作周期性的变化，这样的电流或电压就是交流电流或交流电压，简称为交流电。

【鉴定点分布】基本要求→基础知识→电工基本知识→交流电基本概念→正弦交流电。

86.（　）为扩大交流电压表量程，应配用电压分流器。

【解析】答案：×

本题主要考核交流电压表的使用：用交流电压表直接测量，电压表应并联于被测电路上。扩大交流电压表量程应配用电压互感器，测量时电压互感器的一次绕组连接被测量的电路，其二次绕组和电压表并联。被测电压值等于表显示值乘互感器的变换系数 K_v。

【鉴定点分布】基本要求→基础知识→电工基本知识→变压器及电流表、电压表→电流表和电压表的使用方法。

87.（　）带有电荷的原子（或原子团）叫作离子，带负电荷的离子叫作阳离子，带正电荷的离子叫作阴离子。

【解析】答案：×

本题主要考核阴、阳离子的知识：原子在外界条件作用下，可以变成离子。离子有的带正电荷，有的带负电荷。带正电荷的叫作阳离子，例如钠离子（Na^+）和铵根离子（NH_4^+）。带负电荷的离子叫做阴离子，如氯离子（Cl^-）和硝酸根离子（NO_3^-）等。离子所带电荷数决定于原子失去或得到电子的数目。

【鉴定点分布】基本要求→基础知识→化学基本知识→原子结构→元素周期表基本知识→离子。

88.（　）电流对人体的伤害形式有电击、电伤、电磁场生理伤害、噪声、射线等。

【解析】答案：×

本题主要考核电流对人体的伤害形式：①电击，是指电流通过人体内部，破坏心脏、肺部及神经系统的功能。②电伤，是电流的热效应、化学效应或机械效应对人体的伤害，其中主要是间接或直接的电弧烧伤、熔化金属溅出烫伤等。③电磁场生理伤害，是指在高频电磁场的作用下，使人呈现头晕、乏力、记忆力减退、失眠和多梦等神经系统的症状。

【鉴定点分布】基本要求→基础知识→安全保护和环境保护知识→安全用电知识→电流对人体的伤害形式。

89.（　　）焊工防护鞋的橡胶鞋底，经耐电压 3 000 V 耐压试验，合格（不击穿）后方能使用。

【解析】答案：×

本题主要考核对劳动用品的要求：焊工防护鞋。焊工防护鞋应具有绝缘、抗热、不易燃、耐磨损和防滑的性能，焊工防护鞋的橡胶鞋底，经耐电压 5 000 V 耐压试验，合格（不击穿）后方能使用。如在易燃易爆场合焊接时，鞋底不应有鞋钉，以免产生摩擦火星。在有积水的地面焊接切割时，焊工应穿用经过 6 000 V 耐压试验合格的防水橡胶鞋。

【鉴定点分布】相关知识→焊前准备→劳动保护和安全检查→劳动保护→劳动用品及使用。

90.（　　）焊工应有足够的作业面积，作业面积不应小于 5 m²。

【解析】答案：×

本题主要考核焊接场地检查的内容：检查焊工作业面积是否足够，焊工作业面积不应小于 4 m²；地面应干燥；工作场地要有良好的自然采光或局部照明，以保证工作面照度达 50～100 lx。

【鉴定点分布】相关知识→焊前准备→劳动保护和安全检查→场地设备及工具、夹具的安全检查→场地的安全检查→焊接场地检查的内容。

91.（　　）铜及铜合金的导热性非常好，因此焊前不需要预热。

【解析】答案：×

本题主要考核铜及其合金焊前是否需要预热的问题：由于铜和铜合金的导热性非常好，焊接时会产生未熔合，因此焊前工件常需要预热。预热温度一般为 300～700℃，根据焊件形状、尺寸、焊接方法和采用的工艺参数而定，并应注意在焊接过程中保持这个温度。

【鉴定点分布】相关知识→焊前准备→工件准备→有色金属→铜及其合金→焊前准备。

92.（　　）可锻铸铁中的碳以球状存在，因此有较高的强度和塑性，并有一定的

塑性变形能力。

【解析】 答案：√

本题主要考核可锻铸铁的基本概念：可锻铸铁是先将铁液浇铸成白口铸铁，然后经高温长时间的石墨化退火，使游离渗碳体发生分解，形成团絮状石墨。由于团絮状石墨对铸铁基体的隔裂和引起应力集中的作用比灰铸铁小得多，因此可锻铸铁具有较高的强度和塑性，并有一定的塑性变形能力，因而得名可锻铸铁，实际上可锻铸铁并不能锻造。

【鉴定点分布】 相关知识→焊接→铸铁焊接→铸铁的分类、牌号及特性。

93. （   ）铝镁合金属于热处理强化铝合金。

【解析】 答案：×

本题主要考核铝及其合金的分类：铝镁系和铝锰系组成的变形铝合金，属于非热处理强化铝合金，其特点是耐腐蚀性好，所以称为防锈铝，还具有高的塑性和比纯铝高的强度，抛光性好，能保持光亮的表面。

【鉴定点分布】 相关知识→焊接→有色金属的焊接→铝及其合金的焊接→铝及合金的分类及性能。

94. （   ）铝及铝合金目前常用的焊接方法主要是 CO_2 气体保护焊、钨极氩弧焊和熔化极氩弧焊。

【解析】 答案：×

本题主要考核铝及其合金焊接方法：由于铝及铝合金多用在化工设备上，要求焊接接头不但有一定强度，而且具有耐腐蚀性，因而目前常用的焊接方法主要有：钨极氩弧焊、熔化极氩弧焊、脉冲氩弧焊等，氩气是惰性气体，保护效果好，接头质量高。

【鉴定点分布】 相关知识→焊接→有色金属的焊接→铝及其合金的焊接→焊接方法的选择。

95. （   ）黄铜具有极高导电性、导热性和良好的耐磨性。

【解析】 答案：×

本题主要考核黄铜的用途：黄铜的导电性比纯铜差，但强度、硬度和耐腐蚀性都比纯铜高，能承受冷加工和热加工，价格比纯铜便宜，因此广泛用来制造各种结构零件，如散热器、冷凝器管道、船舶零件、汽车拖拉机零件、齿轮、垫圈、弹簧、各种螺钉等。

【鉴定点分布】 相关知识→焊接→有色金属的焊接→铜及其合金的焊接→铜及合金的分类及性能。

96. （   ）管子水平固定位置向上焊接分两个半圆进行，分别从相当于"时钟

"12 点"位置（平焊）起，相当于"时钟 6 点"位置（仰焊）收弧。

【解析】答案：×

本题主要考核管子水平固定位置向上焊的操作：管子水平固定位置焊接分两个半圆进行。右半圆由管道截面相当于"时钟 6 点"位置（仰焊）起，经相当于"时钟 3 点"位置（立焊）到相当于"时钟 12 点"位置（平焊）收弧；左半圆由相当于"时钟 6 点"位置（仰焊）起，经相当于"时钟 9 点"位置（立焊）到相当于"时钟 12 点"位置（平焊）收弧。焊接顺序是先焊右半周，后焊左半周。焊接时，焊条的角度随着焊接位置变化而变换。

【鉴定点分布】相关知识→焊接→焊条电弧焊技术→对接管水平固定→向上焊→焊接方法。

97.（　　）骑坐式管板仰焊位盖面焊，采用多道焊时可有效防止产生咬边缺陷，外观平整、成型好。

【解析】答案：×

本题主要考核骑坐式管板仰焊位盖面焊各种方式的优缺点：表面层焊接有两种焊接方法：一是单道焊，二是多道焊。单道焊优点是外观平整、成型好，缺点是对操作稳定性要求较高、焊缝表面易下垂。多道焊优点是运条动作小、熔池小，可有效防止产生未熔合、咬边等缺陷，缺点是层与层搭接影响外观。

【鉴定点分布】相关知识→焊接→焊条电弧焊技术→骑坐式管板仰焊位→焊接方法。

98.（　　）易燃易爆物品距离气割机切割场地应在 5 m 以外。

【解析】答案：×

本题主要考核气割机切割的安全操作注意事项：易燃易爆物品距离切割场地在 10 m 以外。

【鉴定点分布】相关知识→焊接→气割机→气割机切割的安全操作注意事项。

99.（　　）焊接铝镁合金时，为了防止热裂纹，应选用含 5％Si 的铝硅焊丝。

【解析】答案：×

本题主要考核焊接铝镁合金时，为了防止热裂纹，焊丝选择的问题：合理选用焊丝。如焊接除铝镁合金以外的其他各种铝合金时，可选用 HS311，它是含约 5％Si 的铝硅合金焊丝，焊接时可产生较多的低熔共晶，流动性好，对裂纹起到"愈合"的作用，所以具有优良的抗热裂能力。但用来焊接铝镁合金时，在焊缝中会生成脆性 Mg_2Si，使接头的塑性和耐腐蚀性降低。焊接铝镁合金时，应选用 HS331，它是含少量 Ti 的铝镁合金焊丝，具有较好的耐蚀及抗热裂性能。

【鉴定点分布】相关知识→焊后检查→焊接缺陷分析→特殊材料焊接缺陷→铝及其

合金缺陷的产生原因及防止措施。

100.（　　）水压试验时，应安装两只压力表，即在被试容器和水泵上同时安装经检验合格的压力表，压力表量程应为试验压力的 1.25～1.5 倍。

【解析】答案：×

本题主要考核水压试验的注意事项：水压试验时，应安装两只压力表，即在被试容器和水泵上同时安装经检验合格的压力表，压力表量程应为试验压力的 1.5～2 倍，精度不低于 1.5 级，压力表直径为 150 mm。

【鉴定点分布】相关知识→焊后检查→焊接检查→水压试验→水压试验注意事项。

高级焊工理论知识考题真题试卷（四）及其详解

一、单项选择题（第1～80题。选择一个正确的答案，将相应的字母填入题内的括号中，每题1分，满分80分。）

1. 职业道德的意义中不包括（　　）。
   A. 有利于推动社会主义物质文明建设和精神文明建设
   B. 有利于行业、企业建设和发展
   C. 有利于个人的提高和发展
   D. 有利于社会体制改革

【解析】答案：D

本题主要考核职业道德的意义包括的内容：

（1）有利于推动社会主义物质文明和精神文明建设。

（2）有利于行业、企业建设和发展。

（3）有利于个人的提高和发展。

【鉴定点分布】基本要求→职业道德→职业道德基本知识→职业道德的意义。

2. 图形在标注尺寸时，应按机件实际尺寸标注，（　　）。
   A. 并采用缩小的比例　　　　　B. 并采用放大的比例
   C. 与图形比例有关　　　　　　D. 与图形比例无关

【解析】答案：D

本题主要考核图形的尺寸标注：图形不论放大或缩小，在标注尺寸时，应按机件实际尺寸标注，与图形比例无关。

【鉴定点分布】基本要求→基础知识→识图知识→制图的一般规定→比例。

3. 在机械制图中，主视图是物体在投影面上的（　　）。
   A. 水平投影　　　　B. 仰视投影　　　　C. 侧面投影　　　　D. 正面投影

【解析】答案：D

本题主要考核三视图的知识：在机械制图中，通常把人的视线当作互相平行的投影线，物体的正面投影称为主视图。

【鉴定点分布】基本要求→基础知识→识图知识→投影的基本原理→三视图。

4. 钢材的（　　　）决定了钢材的性能。

    A. 组织和表面积　　　　　　　　B. 化学成分和长度

    C. 形状和组织　　　　　　　　　D. 化学成分和组织

【解析】答案：D

本题主要考核决定钢材的性能的知识：钢材的性能不仅取决于钢材的化学成分，而且取决于钢材的组织。

【鉴定点分布】基本要求→基础知识→金属热处理与金属材料→金属晶体结构的一般知识。

5. 钢和铸铁都是铁碳合金，铸铁是碳的质量分数（　　　）的铁碳合金。

    A. 小于 2.11%　　　　　　　　　B. 等于 $2.11\%\sim4.30\%$

    C. 大于 6.67%　　　　　　　　　D. 等于 $2.11\%\sim6.67\%$

【解析】答案：D

本题主要考核铸铁是碳的质量分数多少的铁碳合金：钢和铸铁都是铁碳合金，碳的质量分数小于 2.11% 的铁碳合金称为钢，碳的质量分数等于 $2.11\%\sim6.67\%$ 的铁碳合金称为铸铁。

【鉴定点分布】基本要求→基础知识→金属热处理与金属材料→金属及热处理知识→铁—碳平衡状态图的构造及应用。

6. 塑性指标中没有（　　　）。

    A. 伸长率　　　　B. 断面收缩率　　　C. 冷弯角　　　D. 屈服点

【解析】答案：D

本题主要考核力学性能指标中塑性有哪些指标：塑性是指金属材料在外力作用下产生塑性变形的能力。塑性越高，材料产生塑性变形的能力越强。塑性指标主要有伸长率、断面收缩率和冷弯角等。

【鉴定点分布】基本要求→基础知识→常用金属材料基本知识→金属材料的力学性能。

7. 碳素钢 Q235AF 中，符号"F"代表（　　　）。

    A. 半镇静钢　　　B. 镇静钢　　　　C. 特殊镇静钢　　　D. 沸腾钢

【解析】答案：D

本题主要考核通用碳素结构钢牌号的表示方法的知识：根据《碳素结构钢》（GB/T 700—2006）、《钢铁产品牌号表示方法》（GB/T 221—2008）和《优质碳素结构钢》（GB/T 699—1999）的规定，碳素钢 Q235AF 中，符号"F"代表沸腾钢。

【鉴定点分布】基本要求→基础知识→常用金属材料基本知识→通用碳素结构钢牌号的表示方法。

8. 产品使用了低合金结构钢并不能大大地（　　）。

　　A. 减轻重量　　　　　　　　　　B. 提高产品质量

　　C. 提高使用寿命　　　　　　　　D. 提高抗晶间腐蚀的能力

【解析】答案：D

本题主要考核常用低合金结构钢的性能及用途的知识：许多重要产品，由于使用了低合金结构钢，不仅大大地节约了钢材，减轻了重量，同时也大大提高了产品的质量和使用寿命。

【鉴定点分布】基本要求→基础知识→金属热处理与金属材料→常用金属材料知识→常用低合金结构钢的成分、性能及用途。

9. 电流或电压的大小和方向都随（　　）作周期性变化，这样的电流或电压就是交流电流或交流电压。

　　A. 电阻　　　　B. 磁场　　　　C. 频率　　　　D. 时间

【解析】答案：D

本题主要考核交流电的定义：电流或电压的大小和方向都随时间作周期性的变化，这样的电流或电压就是交流电流或交流电压，简称为交流电。

【鉴定点分布】基本要求→基础知识→电工基本知识→正弦交流电。

10. 一般我国焊条电弧焊用的弧焊整流器的空载电压为（　　）V。

　　A. 30～40　　　B. 55～80　　　C. 60～80　　　D. 50～90

【解析】答案：D

本题主要考核弧焊整流器的空载电压是多少，一般我国常用的焊条电弧焊电源的空载电压，弧焊变压器的空载电压为55～80 V，弧焊整流器的空载电压为50～90 V。

【鉴定点分布】基本要求→基础知识→安全保护和环境保护知识→安全用电知识→触电。

11. 焊前应将（　　）m 范围内的各类可燃易爆物品清理干净。

　　A. 10　　　　　B. 12　　　　　C. 15　　　　　D. 20

【解析】答案：A

本题主要考核焊前焊割场地清理的知识：焊接场地的安全检查的内容中，有一条是：检查焊割场地周围10 m 范围内，各类可燃易爆物品是否清除干净。如不能清除干净，应采取可靠的安全措施，如用水喷湿或用防火盖板、湿麻袋、石棉布等覆盖，放在焊割场地附近的可燃材料需预先采取安全措施以隔绝火星。

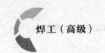

【鉴定点分布】相关知识→焊前准备→劳动保护和安全检查→场地设备及工具、夹具的安全检查→焊接场地检查内容。

12. 切断焊接电源开关后才能进行（   ）。

　　A. 敲渣　　　　　　　　　　　　B. 更换焊条

　　C. 改变焊机接头　　　　　　　　D. 调节焊接电流

【解析】答案：C

本题主要考核哪些操作应在切断电源开关后才能进行：改变焊机接头；更换焊件需要改接二次线路；移动工作地点；检修焊机故障和更换熔断丝。

【鉴定点分布】相关知识→焊前准备→劳动保护和安全检查→焊条电弧焊安全操作规程→一般情况下的安全操作规程。

13. （   ）可以用来焊接纯铝或要求不高的铝合金。

　　A. SAlMg－5　　B. SAlMn　　　　C. SA1－3　　　　D. SAlCu

【解析】答案：C

本题主要考核铝及铝合金焊丝选用的知识：焊接铝及铝合金的焊接材料见第七章第一节，下表为铝及铝合金焊丝的牌号（旧）、型号（新）、化学成分及用途，如牌号为 HS301 也即型号 SA1－3 用途一栏中所述："焊接纯铝或要求不高的铝合金"。

铝及铝合金焊丝的牌号（旧）、型号（新）、化学成分及用途

名称	牌号（旧）	型号（新）	化学成分（%）	熔点（℃）	用途
纯铝焊丝	HS301	SAl－3	w（Al）≥99.5	660	焊接纯铝或要求不高的铝合金
铝硅合金焊丝	HS311	SAlSi－1	w（Si）≈4.5～6 w（Al）余量	580～610	通用焊丝，焊接除铝镁合金以外的铝合金
铝锰合金焊丝	HS321	SAlMn	w（Mn）≈1.0～1.5 w（Al）余量	643～654	焊接铝锰及其他铝合金，焊缝有良好的耐腐蚀性及一定强度
铝镁合金焊丝	HS331	SAlMg－5	w（Mg）≈4.7～5.7 w（Al）余量	638～660	焊接铝镁及其他铝合金，焊缝有良好的耐腐蚀性及力学性能

【鉴定点分布】相关知识→焊前准备→焊接材料→有色金属焊接材料→有色金属焊丝选用→铝及铝合金焊丝的选用。

14. 为了抑制锌的蒸发，焊接黄铜时，可选用含硅量高的黄铜或（   ）焊丝。

　　A. 铝青铜　　　B. 镍铝青铜　　　　C. 锡青铜　　　　D. 硅青铜

【解析】答案：D

本题主要考核气焊黄铜时焊丝的选择：焊接黄铜时，为了抑制锌的蒸发，可选用含硅量高的黄铜或硅青铜焊丝，以避免锌蒸发所带来的不利影响。

【鉴定点分布】相关知识→焊前准备→焊接材料→有色金属焊接材料→铜及铜合金焊丝的选用。

15. 气焊有色金属时，（　　）不是熔剂所起的作用。

    A. 改善液体的流动性　　　　　　B. 清除焊件表面的氧化物

    C. 向焊缝渗入合金元素　　　　　D. 对熔池金属起到一定的保护作用

【解析】答案：C

本题主要考核有色金属气焊时，熔剂所起的作用：主要是用于清除焊件表面上的氧化物，使脱氧产物和其他一些非金属杂质过渡到渣中去，并改善液体金属的流动性，形成的渣还对熔池金属起到一定的保护作用。

【鉴定点分布】相关知识→焊前准备→焊接材料→有色金属焊接材料→有色金属熔剂的选用。

16. 铸件待补焊处简单造型的目的，是使铸铁热焊时（　　）。

    A. 不产生烧穿　　　　　　　　　B. 不产生热裂纹

    C. 不使热量丧失　　　　　　　　D. 不使熔融金属外流

【解析】答案：D

本题主要考核铸件待补焊处简单造型的目的：为保证焊接后的几何形状，不使熔融金属外流，可在铸件待补焊处简单造型，造型应牢固可靠，以免焊接过程中脱落。

【鉴定点分布】相关知识→焊前准备→工件准备→铸铁→铸铁焊前准备要求→准备坡口。

17. 采用砂轮打磨铝及铝合金表面的氧化膜时，因为（　　），焊接时会产生缺陷。

    A. 不能彻底清除氧化膜　　　　　B. 坡口表面过于光滑

    C. 坡口表面过于粗糙　　　　　　D. 砂粒留在金属表面

【解析】答案：D

本题主要考核铝及其合金氧化膜清除的方式：

①机械清理法。先用有机溶剂（丙酮或酒精）擦拭表面以除油，然后用细铜丝刷或不锈钢丝刷刷净（金属丝直径不宜大于 0.15 mm），刷到露出金属光泽为止。另外也可以用刮刀清理。一般不宜用砂轮打磨，因为砂粒留在金属表面，焊接时会产生缺陷。

②化学清洗法。化学清洗效率高，质量稳定，适用于清洗焊丝及尺寸不大、成批

生产的工件。

【鉴定点分布】相关知识→焊前准备→工件准备→有色金属→铝及铝合金→铝及铝合金焊前准备→焊前清理。

18. 铝及铝合金工件及焊丝表面清理后，在存放过程中会产生（　　），所以存放时间越短越好。

　　　A. 气孔　　　　　B. 热裂纹　　　　　C. 氧化膜　　　　D. 冷裂纹

【解析】答案：C

　　本题主要考核铝及铝合金工件及焊丝焊前清理后的存放：铝及铝合金工件和焊丝经过清理后，在存放过程中会重新产生氧化膜，特别是在潮湿环境以及在被酸、碱等蒸气污染的环境中，氧化膜生成更快，因此清理后存放时间应越短越好。在潮湿的环境下，一般应在清理后 4 h 内施焊；在干燥的空气中，一般存放时间不超过 24 h。清理后存放时间过长，需要重新清理。

【鉴定点分布】相关知识→焊前准备→工件准备→有色金属→铝及铝合金→铝及铝合金焊前准备→焊前清理。

19. 埋弧焊机的调试内容应包括（　　）的测试。

　　　A. 脉冲参数　　　　　　　　　B. 送气送水送电程序
　　　C. 高频引弧性能　　　　　　　D. 电源的性能和参数

【解析】答案：D

　　本题主要考核是否掌握埋弧焊机调试的内容：埋弧焊机的调试主要是对新设备的安装及各种性能指标的调整测试，埋弧焊机的调试包括电源、控制系统、小车三大组成部分的性能、参数测试和焊接试验。

【鉴定点分布】相关知识→焊前准备→设备准备→埋弧焊机的调试→调试的内容。

20.（　　）属于埋弧焊机电源参数的测试内容。

　　　A. 焊丝送进速度　　　　　　　B. 各控制按钮的动作
　　　C. 小车的行走速度　　　　　　D. 输出电流和电压的调节范围

【解析】答案：D

　　本题主要考核是否掌握埋弧焊机电源参数测试的内容：焊机按使用说明书组装后，接通电源，调节电源输出电压和电流，观察变化是否均匀，调节范围与技术参数比较是否一致，以便了解设备的状况。

【鉴定点分布】相关知识→焊前准备→设备准备→埋弧焊机的调试→调试方法→电源参数测试。

21.（　　）属于埋弧焊机小车性能的检测内容。

A. 各控制按钮的动作　　　　　B. 引弧操作性能

C. 焊丝送进速度　　　　　　　D. 驱动电动机和减速系统的运行状态

【解析】答案：D

本题主要考核是否掌握埋弧焊机小车性能的检测的内容：埋弧焊机小车性能的检测内容包括：

（1）小车的行走是否平稳、均匀，可在运行中观察测量。

（2）检查机头各个方向上的运动，检查其能否符合使用要求。

（3）观察驱动电动机和减速系统运行状态，有无异常声音和现象。

（4）焊丝的送进、校直、夹持导电等部件的功能测试，可根据焊丝送出的状态进行判断。

（5）在运行中观察焊剂铺撒和回收的情况。

【鉴定点分布】相关知识→焊前准备→设备准备→埋弧焊机的调试→调试方法→小车性能的检测。

22.（　　）属于钨极氩弧焊机电源参数的调试内容。

A. 小电流段电弧的稳定性　　　B. 脉冲参数

C. 引弧、焊接、断电程序　　　D. 提前送气和滞后停气程序

【解析】答案：A

本题主要考核是否掌握钨极氩弧焊机电源各参数调试的内容：钨极氩弧焊机电源参数的调试内容包括：

（1）测试恒流特性。选择任意一个电流值进行焊接，在不同弧长的情况下，观察电压表、电流表，从表显示的数据判断电压及电流的变化。

（2）测试电压、电流的调节范围是否与技术参数一致，电流调节是否均匀。

（3）测试电弧稳定性。尤其应在小电流段观察电弧的稳定性。

（4）测试引弧性能。反复进行引弧试验，观察引弧的准确性和可靠性。

（5）测试交流氩弧焊电源阴极雾化作用。通过雾化区的大小和清洁程度进行判断，还需检查阴极雾化作用是否可调。

【鉴定点分布】相关知识→焊前准备→设备准备→钨极氩弧焊机调试→电源各参数调试。

23.（　　）属于钨极氩弧焊枪的试验内容。

A. 焊丝送进速度

B. 输出电流和电压的调节范围

C. 电弧的稳定性

D. 在额定电流和额定负载持续率情况下使用时焊枪的发热情况

【解析】答案：D

本题主要考核是否掌握氩弧焊枪使用试验的内容：钨极氩弧焊枪的试验内容；观察焊枪有无漏气、漏水现象；在额定电流和额定负载持续率的情况下使用，应测试焊枪的发热情况。

【鉴定点分布】相关知识→焊前准备→设备准备→钨极氩弧焊机调试→氩弧焊枪使用试验。

24.（　　）是否符合设计要求是焊接接头力学性能试验的目的。

    A. 焊接接头的形式　　　　　　　B. 焊接接头的性能

    C. 焊接接头的变形　　　　　　　D. 焊接接头的抗裂性

【解析】答案：B

本题主要考核焊接接头力学性能试验的目的：力学性能试验是用来测定焊接材料、焊缝金属和焊接接头在各种条件下的强度、塑性和韧性。首先应当焊制产品试板，从中取出拉伸、弯曲、冲击等试样进行试验，以确定焊接工艺参数是否合适，焊接接头的性能是否符合设计的要求。

【鉴定点分布】相关知识→焊接→焊接接头试验→力学性能试验。

25.（　　）不是按弯曲试样受拉面在焊缝中的位置分的弯曲试样类型。

    A. 背弯　　　　B. 侧弯　　　　C. 直弯　　　　D. 正弯

【解析】答案：C

本题主要考核按弯曲试样受拉面在焊缝中的位置分的弯曲试样类型：主要有正弯、背弯和侧弯。

【鉴定点分布】相关知识→焊接→焊接接头试验→焊接接头力学性能试验→焊接接头的弯曲试验→试件的制备→试件的类型。

26.弯曲试样中没有（　　）。

    A. 背弯试样　　B. 直弯试样　　C. 侧弯试样　　D. 正弯试样

【解析】答案：B

本题主要考核弯曲试样形式：焊接接头的弯曲试验是以国家标准《焊接接头弯曲试验方法》（GB/T 2653—2008）为依据进行的，该标准规定了金属材料焊接接头的横向正弯及背弯试验、横向侧弯试验、纵向正弯和背弯试验以及管材的压扁试验的形式。

【鉴定点分布】相关知识→焊接→焊接接头试验→焊接接头力学性能试验→弯曲试验。

27.焊接接头硬度试样的测试面与支撑面应经加工磨平并（　　）。

    A. 保持垂直　　B. 保持平行　　C. 保持30°角　　D. 保持60°角

【解析】答案：B

本题主要考核对硬度试样的测试面与支撑面的要求：试样的测试面与支撑面应经加工磨平并保持平行，表面粗糙度至少达到 $Ra1.6\ \mu m$。维氏硬度测定时，试样表面粗糙度至少要为 $Ra0.8\ \mu m$。对厚度小于 $3\ mm$ 的焊接接头，允许在其表面测定硬度。

【鉴定点分布】相关知识→焊接→焊接接头试验→力学性能试验→硬度试验。

28. 斜 Y 型坡口对接裂纹试验适用于碳素钢和低合金钢焊接接头的（　　）抗裂性能试验。

　　A. 热裂纹　　　　B. 再热裂纹　　　　C. 弧坑裂纹　　　　D. 冷裂纹

【解析】答案：D

本题主要考核斜 Y 型坡口对接裂纹试验的目的：斜 Y 型坡口对接裂纹试验又称小铁研法，适用于碳素钢和低合金钢焊接接头的冷裂纹抗裂性能试验，是目前应用最广泛也最方便的一种方法。

【鉴定点分布】相关知识→焊接→焊接接头试验→焊接性试验。

29. 斜 Y 型坡口对接的试验焊缝坡口形状是（　　）。

　　A. 斜 Y 型　　　　B. 斜 U 型　　　　C. 斜 V 型　　　　D. 斜 I 型

【解析】答案：A

本题主要考核斜 Y 型坡口对接试验焊缝坡口形状的知识：试件的形状和尺寸如下图所示，试件的厚度不作限制，常用厚度为 $9\sim38\ mm$，一般最好用被试材料原厚度。

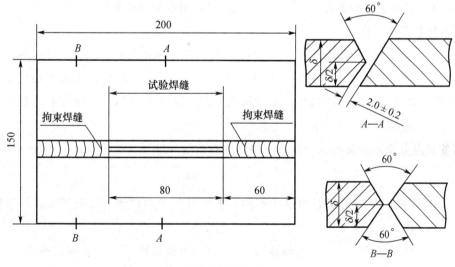

试件的形状和尺寸

【鉴定点分布】相关知识→焊接→焊接接头试验→焊接性试验→试件制备。

30. 斜 Y 型坡口对接裂纹试验规定：试件数量为（　　）取两件。

A. 每次试验   B. 每种母材

  C. 每种焊条   D. 每种焊接工艺参数

【解析】答案：A

  本题主要考核斜Y型坡口对接裂纹试验试件数量：国家标准《焊接性试验斜Y型坡口焊接裂纹试验方法》（GB/T 4675.1—1984）中规定，每次试验应取两件。

【鉴定点分布】相关知识→焊接→焊接接头试验→焊接性试验→试件制备→试件数量。

31. 斜Y型坡口对接裂纹试件焊完后，应（ ）开始进行裂纹的检测和解剖。

  A. 经48 h以后   B. 立即

  C. 经外观检验以后   D. 经X射线探伤后

【解析】答案：A

  本题主要考核是否掌握斜Y型坡口对接裂纹试验焊缝解剖的知识：国家标准中规定斜Y型坡口对接裂纹试件焊完后，应经48 h以后才能开始进行裂纹的检测和解剖。

【鉴定点分布】相关知识→焊接→焊接接头试验→焊接性试验→试验方法→焊缝的解剖。

32. 解剖斜Y型坡口对接裂纹试件时，不得采用气割方法切取试样，要用机械切割，要避免因切割振动（ ）。

  A. 引起试件的变形   B. 引起试件的断裂

  C. 引起裂纹的愈合   D. 引起裂纹的扩展

【解析】答案：D

  本题主要考核焊接接头斜Y型坡口对接裂纹试验焊缝解剖的要求：《焊接性试验斜Y型坡口焊接裂纹试验方法》（GB/T 4675.1—1984）附录A中A.4.2条规定，解剖时不得采用气割方法切取试样，要用机械切割，要避免因切割振动而引起裂纹的扩展。

【鉴定点分布】相关知识→焊接→焊接接头试验→焊接性试验→试验方法→焊缝的解剖。

33. 铸铁按碳存在的状态和形式不同，主要可分为白口铸铁、灰铸铁、球墨铸铁及（ ）等。

  A. 白球铸铁 B. 灰球铸铁   C. 可浇铸铁   D. 可锻铸铁

【解析】答案：D

  本题主要考核按碳存在的状态和形式不同铸铁主要可分为：白口铸铁、灰铸铁、可锻铸铁及球墨铸铁。

【鉴定点分布】相关知识→焊接→铸铁焊接→铸铁的分类、牌号及特性。

34. 白口铸铁中的碳几乎全部以渗碳体（Fe₃C）形式存在，性质（　　）。

    A. 不软不韧　　　　B. 又硬又韧　　　　C. 不软不硬　　　　D. 又硬又脆

【解析】答案：D

本题主要考核白口铸铁的特性：白口铸铁中的碳几乎全部以渗碳体（Fe₃C）形式存在，断口呈白亮色，性质硬而脆，无法进行机械加工。它主要是用来制造一些耐磨件，应用很少，并且很少进行焊接。

【鉴定点分布】相关知识→焊接→铸铁焊接→铸铁的分类、牌号及特性→白口铸铁。

35. （　　）中的碳以球状石墨存在，因此有较高的强度、塑性和韧性。

    A. 可锻铸铁　　　　B. 球墨铸铁　　　　C. 白口铸铁　　　　D. 灰铸铁

【解析】答案：B

本题主要考核铸铁的分类、牌号及特性的知识：球墨铸铁是指碳以球状石墨存在的铸铁。它是通过将灰铸铁原材料熔化后，加入球化剂进行球化处理后得到的。由于球状石墨对金属基体的损坏、减小有效承载面积以及引起应力集中等危害作用均比片状石墨的灰铸铁小得多，因此球墨铸铁具有比灰铸铁高的强度、塑性和韧性，并保持灰铸铁具有的耐磨、减振等特性。

【鉴定点分布】相关知识→焊接→铸铁焊接→铸铁的分类、牌号及特性→球墨铸铁。

36. 灰铸铁焊接时，焊接接头容易产生（　　），是灰铸铁焊接性较差的原因。

    A. 未熔合　　　　B. 夹渣　　　　C. 塌陷　　　　D. 裂纹

【解析】答案：D

本题主要考核灰铸铁焊接时，焊接性较差的原因：灰铸铁本身强度低，塑性极差，而焊接过程又具有工件受热不均匀、焊接应力大及冷却速度快等特点，因此焊补铸铁时焊缝和热影响区容易产生裂纹。当接头存在白口铸铁组织时，由于白口铸铁组织硬而脆，而冷却收缩率比灰铸铁母材大得多（白口铸铁收缩率为 2.3%，灰铸铁为 1.26%），使得应力更加严重，加剧裂纹倾向。严重时可使整个焊缝沿半熔化区从母材上剥离下来。

【鉴定点分布】相关知识→焊接→铸铁焊接→灰铸铁的焊接→灰铸铁的焊接性。

37. 灰铸铁焊补时，由于（　　）不足等原因，焊缝和半熔化区容易产生白口铸铁组织。

    A. 脱氧　　　　B. 脱氢　　　　C. 石墨化元素　　　　D. 锰元素

【解析】答案：C

本题主要考核灰铸铁焊补时，由于何种原因焊缝和半熔化区容易产生白口铸铁组

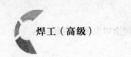

织：灰铸铁在焊补时，由于石墨化元素不足和冷却速度快，焊缝和半熔化区容易产生 Fe_3C 而生成白口铸铁组织，很难机械加工。而且形成白口铸铁时会产生应力，很容易引起裂纹。

【鉴定点分布】 相关知识→焊接→铸铁焊接→灰铸铁的焊接→灰铸铁的焊接性。

38. 焊条电弧焊热焊法焊接灰铸铁时，可得到（　　）焊缝。

    A. 铸铁组织　　　　　　　　　　B. 钢组织

    C. 白口铸铁组织　　　　　　　　D. 有色金属组织

【解析】 答案：A

本题主要考核灰铸铁采用热焊法时，可得到什么样的焊缝组织：热焊法可得到铸铁组织焊缝，加工性好，焊缝强度、硬度、颜色与母材相同。

【鉴定点分布】 相关知识→焊接→铸铁焊接→灰铸铁的焊接→焊条电弧焊→预热焊法。

39. 灰铸铁的（　　）缺陷不适用于采用铸铁芯焊条不预热焊接方法焊补。

    A. 砂眼　　　　　　　　　　　　B. 不穿透气孔

    C. 铸件的边、角处缺肉　　　　　D. 焊补处刚性较大

【解析】 答案：D

本题主要考核采用铸铁芯焊条不预热焊接方法焊补的优缺点：铸铁芯焊条不预热焊接可以得到铸铁焊缝，焊接接头可以加工，并且不用预热，大大改善了劳动条件。但这种方法容易产生裂纹，所以适用于中、小型铸件，并且壁厚比较均匀，结构应力较小，如铸件的边角处缺肉、砂眼及不穿透气孔等。因此，焊补处刚性较大、易产生裂纹及结构复杂的铸件，不适用于采用铸铁芯焊条不预热焊接方法焊补。

【鉴定点分布】 相关知识→焊接→铸铁焊接→灰铸铁的焊接→焊条电弧焊→不预热焊法。

40. 对坡口较大、工件受力大的灰铸铁电弧冷焊时，不能采用（　　）的焊接工艺方法。

    A. 多层焊　　　　　　　　　　　B. 栽螺钉焊

    C. 合理安排焊接次序　　　　　　D. 焊缝高出母材一块

【解析】 答案：D

本题主要考核对坡口较大、工件受力大的灰铸铁电弧冷焊时，应采取的措施：应采用多层焊，后层焊缝对前层焊缝和热影响区有热处理作用，可使接头平均硬度降低。但多层焊时焊缝收缩应力较大，易产生剥离性裂纹，因此应注意合理安排焊接次序。当工件受力大，焊缝强度要求较高时，可采用栽螺钉焊法，以提高接头强度。

【鉴定点分布】 相关知识→焊接→铸铁焊接→灰铸铁的焊接→焊条电弧焊→冷

焊法。

41. 细丝 CO_2 气体保护焊焊补灰铸铁时不应该采用（ ）的焊接工艺。

    A. 小电流   B. 高电压   C. 焊后锤击   D. 断续焊

【解析】答案：B

本题主要考核细丝 CO_2 气体保护焊焊补灰铸铁时应该采用的方式：焊丝一般采用 H08Mn2SiA，焊接电流小于 85 A，电压 18～20 V，焊接速度 10～12 m/h。焊补时也应采用分段焊、断续焊、分散焊（分段长度可比焊条电弧冷焊长些）；焊后锤击；待煤缝冷至 50～60℃（不烫手时），再焊下一道的冷焊工艺。

【鉴定点分布】相关知识→焊接→铸铁焊接→灰铸铁的焊接→其他焊补方法→细丝 CO_2 气体保护焊。

42. 热处理强化铝合金不包括（ ）。

    A. 硬铝合金   B. 超硬铝合金   C. 锻铝合金   D. 铝镁合金

【解析】答案：D

本题主要考核热处理强化铝合金包括有哪些：根据标准，铝合金的分类如下图所示：

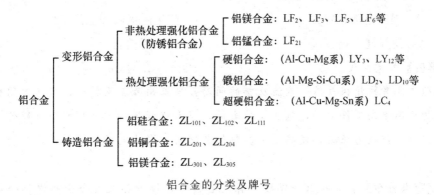

铝合金的分类及牌号

【鉴定点分布】相关知识→焊接→有色金属的焊接→铝及其合金的焊接→铝及其合金的分类及性能。

43. （ ）的牌号是 L4。

    A. 超硬铝合金   B. 铝镁合金   C. 铝铜合金   D. 纯铝

【解析】答案：D

本题主要考核纯铝牌号的知识：纯铝的牌号用"铝"字汉语拼音字首"L"和其后面的编号表示，工业纯铝的纯度为 99.0%～99.9%，其牌号有 L1、L2、L3、L4、L5、L6，编号越大，纯度越低。主要用于制作铝基合金和制造导线、电缆等。

【鉴定点分布】相关知识→焊接→有色金属的焊接→铝及其合金的焊接→铝及其合

金的分类及性能→工业纯铝。

44. 在 TIG 焊过程中，破坏和清除氧化膜的措施是（　　）。

　　A. 焊丝中加锰和硅脱氧　　　　　B. 采用直流正接焊

　　C. 提高焊接电流　　　　　　　　D. 采用交流焊

【解析】答案：D

本题主要考核铝及其合金 TIG 焊过程中，破坏和清除氧化膜的措施：钨极氩弧焊一般采用交流焊。因为铝和铝合金易氧化，表面总会有氧化膜，焊接过程中也应注意清除。当采用直流反接时，工件为阴极，质量较大的正离子向工件运动，撞击工件表面，将氧化膜撞碎，具有阴极破碎作用。但直流反接时，钨极为正极，发热量大，钨极易熔化，影响电弧稳定，并容易使焊缝夹钨。所以铝及铝合金 TIG 焊时一般采用交流焊，在电流方向变化时，有一个半周相当于直流反接（工件为阴极），具有阴极破碎作用；而另一个半周相当于直流正接（钨极为阴极），钨极发热量小，防止钨极熔化。

【鉴定点分布】相关知识→焊接→有色金属的焊接→铝及其合金的焊接→焊接工艺→电源极性。

45. 钨极氩弧焊采用直流反接时，不会（　　）。

　　A. 提高电弧稳定性　　　　　　　B. 产生阴极破碎作用

　　C. 使焊缝夹钨　　　　　　　　　D. 使钨极熔化

【解析】答案：A

本题主要考核钨极氩弧焊直流反接的问题：当采用直流反接时，工件为阴极，质量较大的正离子向工件运动，撞击工件表面，将氧化膜撞碎，具有阴极破碎作用。但直流反接时，钨极为正极，发热量大，钨极易熔化，影响电弧稳定，并容易使焊缝夹钨。

【鉴定点分布】相关知识→焊接→有色金属的焊接→铝及其合金的焊接→焊接工艺。

46. 铜锌合金是（　　）。

　　A. 白铜　　　　　B. 纯铜　　　　　C. 黄铜　　　　　D. 红铜

【解析】答案：C

本题主要考核铜锌合金的属性：黄铜是铜和锌的合金，它的颜色随含锌量的增加由黄红色变成淡黄色。

【鉴定点分布】相关知识→焊接→有色金属的焊接→铜及其合金的焊接→铜及其合金的分类及性能→黄铜。

47.（　　）具有高的耐磨性、良好的力学性能、铸造性能和耐腐蚀性能。

A. 纯铜　　　　　B. 白铜　　　　　C. 黄铜　　　　　D. 青铜

【解析】答案：D

本题主要考核铜及其合金性能的知识：青铜具有高的耐磨性、良好的力学性能、铸造性能和耐腐蚀性能，用于制造各种耐磨零件，如轴瓦、轴套及与酸、碱、蒸气等腐蚀性介质接触的零件。

【鉴定点分布】相关知识→焊接→有色金属的焊接→铜及其合金的焊接→铜及其合金的分类及性能→青铜。

48. 纯铜焊接时产生的裂纹为（　　　）。

A. 再热裂纹　　B. 冷裂纹　　　C. 层状撕裂　　D. 热裂纹

【解析】答案：D

本题主要考核纯铜焊接时产生裂纹的属性：由于纯铜的线膨胀系数和收缩率较大，而且导热性好，热影响区较宽，使得焊接应力较大。另外，在熔池结晶过程中，晶界易形成低熔点的氧化亚铜—铜的共晶物。同时母材金属中的铋、铅等低熔点杂质也易在晶界上形成偏析。综上原因，焊缝容易形成热裂纹。

【鉴定点分布】相关知识→焊接→有色金属的焊接→铜及其合金的焊接→铜及其合金的焊接性→纯铜的焊接性。

49. （　　　）是焊接纯铜时，母材和填充金属难以熔合的原因。

A. 纯铜导电性好　　　　　　　B. 纯铜熔点高

C. 有锌蒸发出来　　　　　　　D. 纯铜导热性好

【解析】答案：D

本题主要考核焊接纯铜时，母材和填充金属难以熔合的原因：纯铜的导热系数大，20℃时纯铜的导热系数比铁大 7 倍多，1 000℃ 时大 11 倍，焊接时热量迅速从加热区传导出去，使得母材和填充金属难以熔合，因此焊接时要使用大功率热源，通常在焊接前还要采取预热措施。

【鉴定点分布】相关知识→焊接→有色金属的焊接→铜及其合金的焊接→铜及其合金的焊接性→纯铜。

50. （　　　）不是工业纯钛所具有的优点。

A. 耐腐蚀　　　B. 硬度高　　　C. 焊接性好　　D. 易于成型

【解析】答案：B

本题主要考核工业纯钛所具有的优点：工业纯钛由于塑性韧性好、耐腐蚀、焊接性好和易于成型等优点，在化学工业等领域得到广泛应用。

【鉴定点分布】相关知识→焊接→有色金属的焊接→钛及钛合金的焊接→钛及钛合金的分类和性能→钛及钛合金的性能。

51. 焊条电弧焊和（　　）均不能满足钛及钛合金焊接的质量要求。

　　A. 等离子焊　　　　　　　　　　　B. 钎焊

　　C. 真空电子束焊　　　　　　　　　D. 气焊

【解析】答案：D

本题主要考核为什么焊条电弧焊和气焊均不能满足钛及钛合金：钛是一种活性金属，常温下能与氧生成致密的氧化膜而保持高的稳定性和耐腐蚀性，540℃以上生成的氧化膜则不致密。高温下钛与氧、氢、氮反应速度较快，钛在300℃以上能快速吸氢，600℃以上快速吸氧，700℃以上快速吸氮。焊接时如保护不好，焊缝中含有较多的氧、氢、氮，会使焊缝金属和高温近缝区的塑性下降，特别是冲击韧性大大降低，引起脆化。因此，钛和钛合金焊接时，气焊和焊条电弧焊均不能满足焊接质量要求。

【鉴定点分布】相关知识→焊接→有色金属的焊接→钛及钛合金的焊接→焊接性。

52. 钛及合金焊接时，焊缝和热影响区呈（　　），表示保护效果最好。

　　A. 淡黄色　　　　B. 深蓝色　　　　C. 金紫色　　　　D. 银白色

【解析】答案：D

本题主要考核钛及合金焊接时，焊缝和热影响区呈何种颜色，表示保护效果最好：焊缝和近缝区颜色是保护效果的标志，表面颜色一般应符合下表的规定，其中银白色表示保护效果最好。

焊缝和热影响区的表面颜色

焊缝级别	焊缝				热影响区			
	银白、淡黄	深黄	金紫	深蓝	银白、淡黄	深黄	金紫	深蓝
一级	允许	不允许	不允许	不允许	允许	不允许	不允许	不允许
二级								
三级		允许	允许			允许	允许	允许

【鉴定点分布】相关知识→焊接→有色金属的焊接→钛及钛合金的焊接→钛及钛合金焊接工艺。

53. （　　）焊接时容易出现的问题是焊缝金属的稀释、过渡层和扩散层的形成及焊接接头高应力状态。

　　A. 珠光体耐热钢　　　　　　　　　B. 奥氏体不锈钢

　　C. 16Mn 和 Q345 钢　　　　　　　D. 珠光体钢和奥氏体不锈钢

【解析】答案：D

本题主要考核何种金属间的焊接会出现的问题是焊缝金属的稀释、过渡层和扩散层的形成及焊接接头高应力状态：只有珠光体钢与奥氏体不锈钢焊接是异种钢焊接，异种钢焊接才会出现焊缝金属的稀释、过渡层和扩散层的形成及焊接接头高应力状态。

【鉴定点分布】相关知识→焊接→异种金属的焊接→焊接性。

54. 珠光体钢和奥氏体不锈钢焊接，选择奥氏体不锈钢焊条作填充材料时，由于熔化的珠光体母材的稀释作用，可能使焊缝金属出现（ ）组织。

  A. 奥氏体 B. 渗碳体 C. 马氏体 D. 珠光体

【解析】答案：C

  本题主要考核异种金属焊接可能使焊缝金属出现的组织：当采用奥氏体不锈钢作填充材料时，熔化的珠光体钢母材和填充材料成分相差悬殊，又不能充分相互混合，所以越靠近熔合线，珠光体钢母材成分所占的比例越大，也就是被稀释得越严重。靠近珠光体钢熔合线的这部分被稀释的焊缝金属称为过渡层，它介于珠光体钢母材和奥氏体不锈钢焊缝之间，一般宽度为 0.2~0.6 mm，为马氏体区。当马氏体区较宽时，会显著降低焊接接头的韧性，使用过程中容易出现局部脆性破坏。因此，当工作条件要求接头的冲击韧性较好时，应选用含奥氏体化元素镍含量较高的填充材料。

【鉴定点分布】相关知识→焊接→异种金属的焊接→焊接性→过渡层的形成。

55. 焊接异种钢时，选择焊接方法的着眼点是应该尽量减小熔合比，特别是要尽量减少（ ）的熔化量。

  A. 焊接填充材料   B. 奥氏体不锈钢和珠光体钢母材

  C. 奥氏体不锈钢   D. 珠光体钢

【解析】答案：D

  本题主要考核异种金属焊接方法选择的知识：焊接异种钢时，选择焊接方法的着眼点是应该尽量减小熔合比，特别是要尽量减少珠光体钢的熔化量，以便抑制熔化的珠光体钢母材对奥氏体焊缝金属的稀释作用。

【鉴定点分布】相关知识→焊接→异种金属的焊接→奥氏体不锈钢与珠光体钢的焊接→焊接方法的选择。

56. 焊接异种钢时，（ ）电弧搅拌作用强烈，形成的过渡层比较均匀，但需注意限制线能量，控制熔合比。

  A. 焊条电弧焊   B. 熔化极气体保护焊

  C. 非熔化极气体保护焊 D. 埋弧焊

【解析】答案：D

  本题主要考核异种金属焊接方法对过渡层的影响：埋弧焊时需注意限制线能量，控制熔合比，由于埋弧焊搅拌作用强烈，高温停留时间长，形成的过渡层比较均匀。

【鉴定点分布】相关知识→焊接→异种金属的焊接→奥氏体不锈钢与珠光体钢的焊接→焊接方法的选择。

57. 生产中采用 E309—16 和 E309—15 焊条焊接珠光体钢和奥氏体不锈钢时，熔合比控制在（　　），才能得到抗裂性能好的奥氏体＋铁素体焊缝组织。

　　A. 3%～7%　　B. 50%以下　　C. 2.11%以下　　D. 40%以下

【解析】 答案：D

　　本题主要考核异种金属焊接焊接材料时，熔合比与焊缝组织的关系：生产中采用 E309—16 和 E309—15 焊条焊接时，只要把母材金属的熔合比控制在 40%以下，就能得到具有较高抗裂性能的"奥氏体＋铁素体"组织，所以在生产中应用广泛。

　　【鉴定点分布】 相关知识→焊接→异种金属的焊接→奥氏体不锈钢与珠光体钢的焊接→焊接材料。

58. 珠光体钢和奥氏体不锈钢采用 E309—15 焊条对接焊，操作时应该特别注意（　　）。

　　A. 减小热影响区的宽度　　　　B. 减小焊缝的余高

　　C. 减小焊缝成形系数　　　　　D. 减小珠光体钢熔化量

【解析】 答案：D

　　本题主要考核珠光体钢和奥氏体不锈钢采用 E309—15 焊条对接焊时，焊接操作技术的使用：采用小电流、多层多道快速焊接，在珠光体钢一侧，电弧应采用短弧，停留时间要短，角度要合适，以达到减小珠光体钢熔化量的目的。

　　【鉴定点分布】 相关知识→焊接→异种金属的焊接→奥氏体不锈钢与珠光体钢的焊接→操作技术→焊接工艺参数。

59. 选用 25—13 型焊接材料，进行珠光体钢和奥氏体不锈钢厚板对接焊时，可先在（　　）的方法，堆焊过渡层。

　　A. 奥氏体不锈钢的坡口上，采用单道焊

　　B. 奥氏体不锈钢的坡口上，采用多层多道焊

　　C. 珠光体钢的坡口上，采用单道焊

　　D. 珠光体钢的坡口上，采用多层多道焊

【解析】 答案：D

　　本题主要考核珠光体钢和奥氏体不锈钢厚板对接焊时，焊接操作技术的使用：可先在珠光体钢的坡口上用 25—13 型焊接材料、采用多层多道焊的方法，堆焊过渡层，然后再用普通奥氏体不锈钢焊接材料进行焊接。

　　【鉴定点分布】 相关知识→焊接→异种金属的焊接→奥氏体不锈钢与珠光体钢的焊接→操作技术→采用隔离层焊接法。

60. 不锈钢复合板（　　）的焊接属于异种钢焊接，应按异种钢焊接原则选择焊接材料。

A. 焊件正面　　　　　　　　　　B. 焊件背面

C. 复层和基层交界处　　　　　　D. 接触工作介质的复层表面

【解析】答案：C

本题主要考核不锈钢复合板焊接的技术：不锈钢复合板焊接材料的选择原则为：复层和基层分别选用与之相适宜的焊条或焊丝，但复层和基层的交界处属于异种钢焊接，应按异种钢焊接原则选择焊接材料。

【鉴定点分布】相关知识→焊接→异种金属的焊接→奥氏体不锈钢与珠光体钢的焊接→操作技术→奥氏体不锈钢与珠光体钢对接焊接→不锈钢复合板的焊接。

61. 管子水平固定位置向上焊接，一般起焊分别从相当于（　　）位置收弧。

A. "时钟3点"起，"时钟9点"　　　B. "时钟12点"起，"时钟12点"

C. "时钟12点"起，"时钟6点"　　　D. "时钟6点"起，"时钟12点"

【解析】答案：D

本题主要考核焊条电弧焊对接管水平固定焊接起焊的位置：管子水平固定位置焊接分两个半圆进行。右半圆由管道截面相当于"时钟6点"位置（仰焊）起，经相当于"时钟3点"位置（立焊）到相当于"时钟12点"位置（平焊）收弧；左半圆由相当于"时钟6点"位置（仰焊）起，经相当于"时钟9点"位置（立焊）到相当于"时钟12点"位置（平焊）收弧。焊接顺序是先焊右半周，后焊左半周。焊接时，焊条的角度随着焊接位置变化而变换。

【鉴定点分布】相关知识→焊接→焊条电弧焊技术→对接管水平固定→向上焊。

62. （　　）不是数控气割机的优点。

A. 省去放样、划线等工序　　　　B. 生产效率高

C. 切口质量好　　　　　　　　　D. 成本低、设备简单

【解析】答案：D

本题主要考核数控气割机的优点：数控自动气割机不仅可省去放样、划线等工序，使焊工劳动强度大大降低，而且切口质量好，生产效率高，因此这种新技术的应用范围正在日益扩大。

【鉴定点分布】相关知识→焊接→气割机→数控气割机。

63. 气割机的使用维护保养和检修必须由（　　）负责。

A. 气割工　　　　B. 专人　　　　C. 焊工　　　　D. 电工

【解析】答案：B

本题主要考核气割机的使用、维护、保养和检修必须由谁负责：气割机必须由专人负责使用和维护保养，并定期进行检修，使气割机保持完好状态。

【鉴定点分布】相关知识→焊接→气割机→气割机切割的安全操作注意事项。

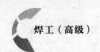
64.（　　）不是锅炉和压力容器与一般机械设备所不同的特点。

    A. 使用广泛 　　　　　　　　　B. 工作条件恶劣

    C. 不要求连续运行 　　　　　　D. 容易发生事故

【解析】答案：C

本题主要考核锅炉和压力容器都具有的与一般机械设备所不同的特点：工作条件恶劣、容易发生事故和使用广泛并要求连续运行。

【鉴定点分布】相关知识→焊接→典型容器和结构的焊接→锅炉与压力容器的基本知识→锅炉压力容器特点。

65. 最高工作压力（　　）的压力容器是《容规》适用条件之一。

    A. 小于等于 0.1 MPa 　　　　　B. 大于等于 1 MPa

    C. 小于等于 1 MPa 　　　　　　D. 大于等于 0.1 MPa

【解析】答案：D

本题主要考核《容规》的适用范围：《固定式压力容器安全技术监察规程》（TSG R0004—2009）在1.3条适用范围中规定："工作压力大于或者等于 0.1 MPa"是压力容器。

【鉴定点分布】相关知识→焊接→典型容器和结构的焊接→锅炉与压力容器的基本知识→锅炉压力容器特点→使用广泛并要求连续运行→《容规》。

66. 设计压力为（　　）的压力容器属于高压容器。

    A. $10\ \text{MPa} < P < 100\ \text{MPa}$ 　　　　B. $10\ \text{MPa} \leqslant P < 100\ \text{MPa}$

    C. $10\ \text{MPa} < P \leqslant 100\ \text{MPa}$ 　　　　D. $10\ \text{MPa} \leqslant P \leqslant 100\ \text{MPa}$

【解析】答案：D

本题主要考核压力容器分类的知识：按容器的设计压力等级分类。根据容器的设计压力（P），分为低压、中压、高压、超高压四类，具体划分如下：（1）低压容器，$0.1\ \text{MPa} \leqslant P < 1.6\ \text{MPa}$；（2）中压容器，$1.6\ \text{MPa} \leqslant P < 10\ \text{MPa}$；（3）高压容器，$10\ \text{MPa} \leqslant P < 100\ \text{MPa}$；（4）超高压容器，$P > 100\ \text{MPa}$。

【鉴定点分布】相关知识→焊接→典型容器和结构的焊接→锅炉与压力容器的基本知识→压力容器的基本知识→压力容器的分类。

67. 对压力容器的要求中有（　　）。

    A. 塑性　　　　B. 导热性　　　　C. 硬度　　　　D. 密封性

【解析】答案：D

本题主要考核对压力容器的要求：压力容器内部承受很高的压力，并且往往还盛有有毒的介质，所以它比一般的金属结构应具有更高的要求：强度、刚性、耐久性和密封性。

【鉴定点分布】相关知识→焊接→典型容器和结构的焊接→典型容器的焊接。

68. 焊接压力容器的焊工，必须进行考试，取得（　　）后，才能在有效期间内担任合格项目范围内的焊接工作。

　　A. 焊工技师证　　　　　　　　　B. 锅炉压力容器焊工合格证

　　C. 高级焊工证　　　　　　　　　D. 锅炉压力容器无损检测合格证

【解析】答案：B

本题主要考核压力容器焊接对焊工的要求：焊接压力容器的焊工，必须按照《锅炉压力容器焊工考试规则》进行考试，取得合格证后，才能在有效期间内担任合格项目范围内的焊接工作。焊工应按焊接工艺指导书或焊接工艺卡施焊，制造单位应建立焊工技术档案。目前《特种设备焊接操作人员考核细则》（TSG Z6002—2010）已取代《锅炉压力容器焊工考试规则》。

【鉴定点分布】相关知识→焊接→典型容器和结构的焊接→典型容器的焊接→压力容器的焊接→对焊工的要求。

69. 压力容器相邻的两筒节间的纵缝应错开，其焊缝中心线之间的外圆弧长一般应大于（　　），且不小于 100 mm。

　　A. 筒体厚度的 3 倍　　　　　　　B. 焊缝宽度的 3 倍

　　C. 筒体厚度的 2 倍　　　　　　　D. 焊缝宽度的 2 倍

【解析】答案：A

本题主要考核压力容器组焊的要求：压力容器组焊的要求规定，相邻的两筒节间的纵缝和封头拼接焊缝与相邻筒节的纵缝应错开，其焊缝中心线之间的外圆弧长一般应大于筒体厚度的 3 倍，且不小于 100 mm。

【鉴定点分布】相关知识→焊接→典型容器和结构的焊接→典型容器的焊接→压力容器的焊接→压力容器组焊的要求。

70. 要求焊后热处理的压力容器，应在热处理前焊接返修，如果在热处理后进行焊接返修，返修后（　　）。

　　A. 应做硬度检查　　　　　　　　B. 可不再做热处理

　　C. 应做压力试验　　　　　　　　D. 应再做热处理

【解析】答案：D

本题主要考核压力容器如果在热处理后进行焊接返修，返修后如何处理：要求焊后热处理的压力容器，应在热处理前焊接返修，如果在热处理后进行焊接返修，返修后应再做热处理。

【鉴定点分布】相关知识→焊接→典型容器和结构的焊接→典型容器的焊接→压力容器的焊接→压力容器组焊的要求→焊接接头返修的要求。

71. 由两块翼板和一块腹板焊接而成的杆件是（ ）。

　　A. 格构柱　　　　B. 十字梁　　　　C. 箱形梁　　　　D. 工字梁

【解析】答案：D

本题主要考核什么是工字梁：工字梁一般是用两块翼板和一块腹板焊接而成。

【鉴定点分布】相关知识→焊接→典型容器和结构的焊接→一般结构焊接→梁的焊接。

72. 焊接梁的翼板和腹板的角焊缝时，通常采用（ ）。

　　A. 半自动焊全位置焊　　　　　　　B. 焊条电弧焊全位置焊

　　C. 半自动焊横焊　　　　　　　　　D. 自动船形焊

【解析】答案：D

本题主要考核梁的翼板和腹板的角焊缝的最佳方式：当翼板和腹板组装后，即可焊接角焊缝。由于该焊缝长而规则，通常采用自动焊，并最好采用船形位置焊接。

【鉴定点分布】相关知识→焊接→典型容器和结构的焊接→一般结构焊接→梁的焊接。

73. 为了减少十字形钢柱的焊接变形，在焊接第一道焊缝时，必须进行分段焊接，焊缝长短视柱的（ ）而定。

　　A. 宽度　　　　B. 厚度　　　　C. 角度　　　　D. 长度

【解析】答案：D

本题主要考核柱应如何焊接：为了减少焊接变形，在焊接第一道焊缝时，必须进行分段焊接，焊缝长短视柱的长度而定。根据经验，分段越多越好。焊接第2、3、4道焊缝时，与焊接第一道焊缝相同。这里必须指出，十字形钢柱的焊接与工字形钢柱的焊接不同，焊接板Ⅰ和板Ⅱ是同时交错进行的，为了减少变形，可用90°龙门板夹固进行焊接。

【鉴定点分布】相关知识→焊接→典型容器和结构的焊接→一般结构焊接→柱的焊接。

74. 焊接铝合金时，（ ）不是防止热裂纹的主要措施。

　　A. 预热　　　　　　　　　　　　　B. 采用小的焊接电流

　　C. 合理选用焊丝　　　　　　　　　D. 采用氮气保护

【解析】答案：D

本题主要考核铝合金焊接时防止热裂纹的措施：

①合理选用焊丝。如焊接除铝镁合金以外的其他各种铝合金时，可选用HS311，它是含约5％Si的铝硅合金焊丝，焊接时可产生较多的低熔共晶体，流动性好，对裂纹起到"愈合"的作用，所以具有优良的抗热裂纹能力。但用来焊接铝镁合金时，在

焊缝中会生成脆性的 Mg_2Si，使接头的塑性和耐腐蚀性降低。焊接铝镁合金时，应选用 HS331，它是含少量 Ti 的铝镁合金焊丝，具有较好的耐蚀及抗热裂性能。

②合理的焊接工艺。选用热量集中的焊接方法，如钨极氩弧焊；采用小的焊接电流；板厚超过 10 mm 的焊件焊接或重要结构点固焊时，采用预热措施，一般预热温度控制在 200～250℃之间；多层焊时，层间温度不低于预热温度。

③焊前预热。可防止产生变形、热裂纹、未焊透、气孔等缺陷。

【鉴定点分布】相关知识→焊后检查→焊接缺陷分析→特殊材料焊接缺陷→铝及铝合金焊接缺陷→热裂纹。

75. 铜及铜合金焊接时，（　　）不是防止产生热裂纹的措施。

　　A. 焊前预热　　　　　　　　B. 焊丝中加入脱氧元素

　　C. 焊后锤击焊缝　　　　　　D. 气焊采用氧化焰

【解析】答案：D

本题主要考核铜及铜合金焊接时，防止产生热裂纹的措施：①控制焊丝的成分：如严格控制焊丝中铋、硫、铅等杂质的含量，焊丝中加入脱氧元素（如硅、锰、磷、锡等），防止生成低熔共晶。②焊前预热：大多数铜和铜合金焊前都需要预热，预热温度一般为 300～600℃，有的甚至更高；减小焊接应力。③合理的焊接方法及工艺：选用氩弧焊方法，以减少铜的氧化；气焊时加入气焊溶剂 CJ301，进行保护；有时可对焊缝进行热态或冷态的锤击，减小焊接应力。

【鉴定点分布】相关知识→焊后检查→焊接缺陷分析→特殊材料焊接缺陷→铜及铜合金焊接缺陷→热裂纹。

76. 防止压力容器焊接时产生冷裂纹的措施中没有（　　　）。

　　A. 预热　　　　　B. 后热　　　　　C. 烘干焊条　　　　D. 填满弧坑

【解析】答案：D

本题主要考核压力容器焊接时防止冷裂纹的措施：

(1) 选用低氢型焊条，并按规定严格进行烘干；仔细清理坡口及其两侧的油、锈及水分，以减少带入焊缝中氢的含量。

(2) 选择合理的焊接工艺，正确选择焊接工艺参数，通过预热、缓冷、保持层间温度、后热以及焊后热处理等措施，改善焊缝及热影响区的组织。

(3) 改善结构的应力状态，采用合理的焊接顺序和方法，以降低焊接应力。

【鉴定点分布】相关知识→焊后检查→焊接缺陷分析→典型容器和结构的缺陷→压力容器焊接缺陷→冷裂纹。

77. 除防止产生焊接缺陷外，（　　　）是焊接梁和柱时最关键的问题。

　　A. 提高接头强度　　　　　　B. 改善接头组织

C. 防止应力腐蚀　　　　　　　　D. 防止焊接变形

【解析】 答案：D

本题主要考核梁、柱焊接时最关键的问题：焊接梁、柱最关键的问题是要防止焊接变形的产生。梁通常都是低碳钢制成，厚度也不大，加之梁的长度和高度之比较大，因此由于焊接的不均匀加热，再加上焊缝位置的分布等关系，极易在焊后产生弯曲变形，当焊接方向不对时，也会产生扭曲变形，另外还有翼板的角变形等。

【鉴定点分布】 相关知识→焊后检查→焊接缺陷分析→典型容器和结构的缺陷→梁、柱焊接缺陷。

78. （　）不是焊接梁和柱时，所采取的减小和预防焊接变形的措施。

　　A. 反变形法　　　　　　　　　B. 合理的装配—焊接顺序

　　C. 减小焊缝尺寸　　　　　　　D. 严格清理焊件和焊丝表面

【解析】 答案：D

本题主要考核焊接梁和柱时，所采取的减小和预防焊接变形的措施：减小焊缝尺寸、正确的焊接方向、正确的装配—焊接顺序、刚性固定和反变形法。

【鉴定点分布】 相关知识→焊后检查→焊接缺陷分析→典型容器和结构的缺陷→梁、柱焊接缺陷。

79. （　）包括荧光探伤和着色探伤两种方法。

　　A. 超声波探伤　　B. X射线探伤　　C. 磁力探伤　　　D. 渗透探伤

【解析】 答案：D

本题主要考核渗透法探伤的方式有几种：渗透法探伤是利用某些液体的渗透性等物理特性来发现和显示缺陷的。它可用来检查铁磁性和非铁磁性材料的表面缺陷。随着化学工业的发展，渗透探伤的灵敏度大大提高，因此使得渗透探伤得到更广泛的应用。渗透探伤包括荧光探伤和着色探伤两种方法。

【鉴定点分布】 相关知识→焊后检查→焊接检验→渗透法试验。

80. 着色探伤是用来发现各种材料的焊接接头，特别是（　）等的各种表面缺陷。

　　A. 16Mn钢　　　　　　　　　　B. Q235钢

　　C. 耐热钢　　　　　　　　　　D. 有色金属及其合金

【解析】 答案：D

本题主要考核着色探伤的目的：着色探伤是用来发现各种材料的焊接接头，特别是非磁性材料（如奥氏体不锈钢和有色金属及其合金）的各种表面缺陷。着色探伤操作方便，设备简单，成本低，同时不受工件形状、大小的限制。

【鉴定点分布】 相关知识→焊后检查→焊接检验→渗透法试验→着色探伤。

二、判断题（第81～100题，将判断结果填入括号中。正确的填"√"，错误的填"×"。每题1分，满分20分。）

81.（　　）信誉是企业在市场经济中赖以生存的依据。

【解析】答案：√

本题主要考核企业在市场经济中赖以生存的依据：信誉是企业在市场经济中赖以生存的重要依据，而良好的产品质量和服务是企业信誉的基础。

【鉴定点分布】基本要求→职业道德→职业道德的基本规范→诚实守信、办事公道。

82.（　　）铁碳合金的基本组织有铁素体、渗碳体、珠光体、奥氏体、马氏体、莱茵体等。

【解析】答案：×

本题主要考核铁碳合金的基本组织有哪些：铁素体（F）、渗碳体（Fe_3C）、珠光体（P）、奥氏体（A）、马氏体（M）、莱氏体（Ld）和魏氏组织。

【鉴定点分布】基本要求→基础知识→金属热处理与金属材料→金属及热处理知识→合金的组织、结构及铁碳合金的基本组织→铁碳合金的基本组织。

83.（　　）碳钢中除含有铁、碳元素以外，还有少量的铬、钼、硫、磷等杂质。

【解析】答案：×

本题主要考核碳素钢中含有的常用元素：碳钢中除含有铁、碳元素以外，还有少量的硅、锰、硫、磷等杂质。

【鉴定点分布】基本要求→基础知识→金属热处理与金属材料→常用金属材料→碳素钢的分类及碳素钢牌号表示方法→碳素钢的分类。

84.（　　）如果电流的方向和大小都不随时间变化，就是脉动直流电流。

【解析】答案：×

本题主要考核直流电的几种形式：凡方向不随时间变化的电流就是直流电流；如果电流的方向和大小都不随时间变化，就是恒定直流电流；如果电流方向不变而大小随时间变化，就是脉动直流电流。

【鉴定点分布】基本要求→基础知识→电工基本知识→直流电与电磁的基本知识→直流电。

85.（　　）还原反应是含氧化合物里的氧被夺去的反应。

【解析】答案：√

本题主要考核还原反应的定义：还原反应是含氧化合物里的氧被夺去的反应。

【鉴定点分布】基本要求→基础知识→化学基本知识→化学反应→还原反应。

86.（　　）对于比较潮湿而触电危险性较大的环境，我国规定安全电压为 24 V。

【解析】答案：×

本题主要考核对于比较潮湿而触电危险性较大的环境，我国规定的安全电压：对于潮湿而触电危险性较大的环境，人体电阻按 650 Ω 考虑，安全电压 $U = 30 \times 10^{-3} \times 650 = 19.5$ V，故规定安全电压为 12 V。

【鉴定点分布】基本要求→基础知识→安全保护和环境保护知识→安全用电知识→影响电击严重程度的因素。

87.（　　）焊接弧光的红外线辐射有可能引起白内障和电光性眼炎。

【解析】答案：×

本题主要考核焊接弧光对眼睛和皮肤的伤害：弧光中的紫外线可造成对人眼睛的伤害，引起畏光、眼睛流泪、剧痛等症状，重者可导致电光性眼炎。眼睛受到强红外线的辐射，时间过长会引起白内障。紫外线还能烧伤皮肤。

【鉴定点分布】相关知识→焊前准备→劳动保护和安全检查→劳动保护。

88.（　　）国家标准规定工业企业噪声不应超过 65 dB，最高不能超过 85 dB。

【解析】答案：×

本题主要考核国家标准规定工业企业噪声是多少：国家标准规定工业企业噪声不应超过 85 dB，最高不能超过 90 dB。为了消除和降低噪声，经常采取隔声、消声、减振等一系列噪声控制技术。当仍不能将噪声降低到允许标准以下时，则应采用耳塞、耳罩或防噪声盔等个人噪声防护用品。

【鉴定点分布】相关知识→焊前准备→劳动保护和安全检查→劳动保护。

89.（　　）铝及铝合金气焊用熔剂是 CJ201。

【解析】答案：×

本题主要考核铝及铝合金气焊用熔剂：应为 CJ401。

【鉴定点分布】相关知识→焊前准备→焊接材料→有色金属焊接材料→有色金属熔剂的选用。

90.（　　）铜及铜合金气焊用熔剂是 CJ401。

【解析】答案：×

本题主要考核铜及铜合金气焊用熔剂：应为 CJ301。

【鉴定点分布】相关知识→焊前准备→焊接材料→有色金属焊接材料→有色金属熔剂的选用。

91.（　　）清理后的铝及铝合金工件及焊丝，在干燥的空气中，一般存放时间不超过 4 h。

　　【解析】答案：×

　　本题主要考核铝及铝合金工件及焊丝焊前清理后的存放：铝及铝合金工件和焊丝经过清理后，在存放过程中会重新产生氧化膜，特别是在潮湿环境，以及在被酸、碱等蒸气污染的环境中，氧化膜生成更快，因此清理后存放时间应越短越好。在潮湿的环境下，一般应在清理后 4 h 内施焊，在干燥的空气中，一般存放时间不超过 24 h。清理后存放时间过长，需要重新清理。

　　【鉴定点分布】相关知识→焊前准备→工件准备→有色金属→铝及铝合金→铝及铝合金焊前准备→焊前清理。

　　92.（　　）铜及铜合金工件易于采用全位置焊接。

　　【解析】答案：×

　　本题主要考核铜及铜合金焊接位置：由于铜及铜合金具有导热率高和液态流动性好的特性，因此其接头形式的设计和选择与钢相比有些特殊要求，特别是采用开坡口的单面焊接头时，必须在背面加成型垫板，才不致使液态铜流失而无法获得所要求的焊缝形状。因此，一般情况下对铜及铜合金工件不宜采用立焊和仰焊。

　　【鉴定点分布】相关知识→焊前准备→工件准备→有色金属→铜及铜合金。

　　93.（　　）焊接性试验的目的是用来评定焊接接头力学性能的好坏。

　　【解析】答案：×

　　本题主要考核焊接性试验的目的：是用来评定母材焊接性能的好坏。通过焊接性试验，可以选定适合母材的焊接材料，确定合适的焊接工艺参数及焊后热处理工艺参数，还可以用来研制新的焊接材料。

　　【鉴定点分布】相关知识→焊接→焊接接头试验→焊接性试验。

　　94.（　　）灰铸铁焊接时，焊前预热焊后缓冷可以防止产生白口铸铁组织，但对防止裂纹不起作用。

　　【解析】答案：×

　　本题主要考核灰铸铁焊接时，防止产生白口铸铁组织的措施：

　　（1）降低冷却速度。可采用气焊或对工件进行焊前预热，焊后缓冷。对大型铸件缺陷采用铸铁芯焊条不预热电弧焊等，以降低冷却速度，避免白口铸铁组织。

　　（2）改变焊缝的化学成分。为得到铸铁焊缝，可在焊缝中加入促进石墨化元素，如碳、硅、铝、钛、镍、铜等，并减少阻碍石墨化元素，如硼、铈、镁、钒、铬、硫等，可避免焊缝生成白口铸铁组织。此外，还可以采用非铸铁型焊接材料，如镍基焊条、高钒焊条、铜钢焊条等进行焊补，得到非铸铁组织焊缝，并采用小电流、浅熔深的焊接工艺，减少铸铁母材的熔入，防止焊缝产生白口或马氏体组织，并减小半熔化

区白口铸铁层的宽度。

（3）采用钎焊法。焊接时母材不熔化，因此不产生白口铸铁组织。

【鉴定点分布】相关知识→焊接→铸铁的焊接→灰铸铁的焊接。

95. （　）由于铝的热膨胀系数大，因此焊接时容易产生塌陷。

【解析】答案：×

本题主要考核铝及铝合金焊接时，焊缝外观易出现的问题：铝及铝合金在高温时强度很低，液体流动性能好，在焊接时金属往往容易下塌，为了保证焊透又不致塌陷，焊接时常采用垫板来托住熔化金属及附近金属。垫板可采用石墨板、不锈钢板或碳钢板等，垫板表面开一个圆弧形槽，以保证焊缝反面成型。

【鉴定点分布】相关知识→焊前准备→工件准备→有色金属→铝及铝合金焊前准备→垫板。

96. （　）钢板对接仰焊的困难是，铁水在重力下产生下垂，极易在焊缝背面产生焊瘤，焊缝正面产生下凹。

【解析】答案：×

本题主要考核焊条电弧焊板对接仰焊时易出现的问题：钢板对接仰焊时，由于熔池在高温下的表面张力小，铁水在重力作用下产生下垂，极易在焊缝正面产生焊瘤或两侧夹角，焊缝背面产生下凹。

【鉴定点分布】相关知识→焊接→焊条电弧焊技术→钢板对接仰焊→操作要点和注意事项。

97. （　）仿形气割机是根据图样进行切割的。

【解析】答案：×

本题主要考核仿形气割机的工作原理：利用磁力靠模原理进行仿形切割。割炬随着磁头（或称磁性滚轮）沿一定形状的靠模（或称样板）移动，切割出所需形状的工件。磁性靠轮由漆包线绕成的电磁线圈或永久磁铁做成，能吸附在钢制样板的边缘处，滚轮旋转时便会沿着样板的边缘向前移动，同时带动割嘴仿照样板的形状进行切割。

【鉴定点分布】相关知识→焊接→气割机→仿形气割机的特点。

98. （　）水压试验用的水温，低碳钢和16MnR钢不低于15℃。

【解析】答案：×

本题主要考核水压试验用的水温：试验用的水温，低碳钢和16MnR钢不低于5℃，其他低合金钢不低于15℃。

【鉴定点分布】相关知识→焊后检查→焊接检验→水压试验→方法。

99. （　）荧光探伤是用来发现各种焊接接头的内部缺陷。

【**解析**】答案：×

本题主要考核荧光探伤的知识：荧光探伤是一种利用紫外线照射某些荧光物质，使其产生荧光的特性来检查表面缺陷的方法，常用于非磁性材料工件的检查。

【**鉴定点分布**】相关知识→焊后检查→焊接检验→渗透法试验→荧光探伤。

100.（　　）荧光探伤时，由于荧光液和显像粉的作用，缺陷处出现强烈的荧光，根据发光程度的不同，就可以确定缺陷的性质和深度。

【**解析**】答案：√

本题主要考核荧光探伤试验的原理：荧光探伤就是将发光材料（如荧光粉等）与具有很强渗透力的油液（如松节油、煤油等）按一定比例混合，将这些混合而成的荧光液涂在焊件表面，使其渗入到焊件表面缺陷内。待一定时间后，将焊件表面擦干净，再涂以显像粉，此时将焊件放在紫外线的辐射作用下，便能使渗入缺陷内的荧光液发光，缺陷就被发现了。

【**鉴定点分布**】相关知识→焊后检验→焊接检验→渗透试验→荧光探伤→试验方法。

第三部分

理论知识考试考前冲刺

高级焊工理论知识考试模拟试卷（一）

一、**单项选择题**（第 1～80 题。选择一个正确的答案，将相应的字母填入题内的括号中。每题 1 分，满分 80 分。）

1. 读装配图的目的不包括了解（　　）。
   A. 零件之间的拆装关系　　　　　　B. 各零件的传动路线
   C. 技术要求　　　　　　　　　　　D. 所有零件的尺寸

2. 钢和铸铁都是铁碳合金，钢是碳的质量分数（　　）2.11％的铁碳合金。
   A. 大于　　　　　B. 大于等于　　　　C. 小于等于　　　　D. 小于

3. （　　）的室温组织为珠光体＋铁素体。
   A. 铸铁　　　　　B. 不锈钢　　　　　C. 耐热钢　　　　　D. 低碳钢

4. 碳素钢 Q235AF 中，符号"F"代表（　　）。
   A. 半镇静钢　　　B. 镇静钢　　　　　C. 特殊镇静钢　　　D. 沸腾钢

5. "45"号钢表示是碳的质量分数的平均值为（　　）。
   A. 45％的沸腾钢　　　　　　　　　B. 45％的镇静钢
   C. 0.45％的沸腾钢　　　　　　　　D. 0.45％的镇静钢

6. 低温钢必须保证在相应的低温下具有（　　），而对强度并无要求。
   A. 很高的低温塑性　　　　　　　　B. 足够的低温塑性
   C. 足够的低温韧性　　　　　　　　D. 较低的低温韧性

7. 在一段无源电路中，电流的大小与电阻两端电压成正比，而与电阻成反比，这就是（　　）。
   A. 全电路的楞次定律　　　　　　　B. 部分电路的楞次定律
   C. 全电路的欧姆定律　　　　　　　D. 部分电路的欧姆定律

8. 串联电阻上电压分配与各电阻的大小成正比，串联的总电阻值等于各个（　　）。
   A. 电阻倒数之和　　　　　　　　　B. 电阻之差
   C. 电阻倒数之差　　　　　　　　　D. 电阻之和

9. 铝和铜的元素符号是（　　）。

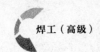

    A. Al 和 Cu   B. Cr 和 Ar   C. Cu 和 Ca   D. Al 和 Ca

10. 绝大部分触电死亡事故是由（　　）造成的。

    A. 电伤   B. 电磁场   C. 弧光   D. 电击

11. 电流频率不同，电击对人体的伤害程度也不同，如频率在 1 000 Hz 以上，伤害程度（　　）。

    A. 不存在   B. 明显增加   C. 极大增加   D. 明显减轻

12. （　　）可以进行焊机的安装、修理和检验。

    A. 焊工班长   B. 焊接工程师   C. 焊工   D. 电工

13. 气焊铸铁时用的熔剂是（　　）。

    A. CJ201   B. HJ431   C. HJ250   D. CJ401

14. 气焊铝及铝合金用的熔剂是（　　）。

    A. CJ401   B. HJ431   C. HJ250   D. CJ101

15. 牌号为 HSCuZn－1 的焊丝是（　　）。

    A. 紫铜焊丝   B. 黄铜焊丝   C. 青铜焊丝   D. 白铜焊丝

16. 铸铁开深坡口焊补时，为了防止焊缝与母材剥离，常采用（　　）。

    A. 刚性固定法   B. 加热减应区法

    C. 向焊缝渗入合金法   D. 栽螺钉法

17. 以下属于异种金属焊接的是（　　）。

    A. Q235 钢与低碳钢，采用 E4303 焊条

    B. Q345 钢与 16 锰钢

    C. Q235 钢与 iCrL8Ni9，采用 E309－15 焊条

    D. 在 20 号钢上采用 J422 焊条堆焊

18. 两种不同的金属进行直接焊接时，由于（　　）不同，焊接电弧不稳定，将使焊缝成型变坏。

    A. 熔点   B. 导热性   C. 线膨胀系数   D. 电磁性能

19. 埋弧焊机的调试内容应包括（　　）的测试。

    A. 脉冲参数   B. 送气送水送电程序

    C. 高频引弧性能   D. 电源的性能和参数

20. （　　）属于埋弧焊机电源参数的测试内容。

    A. 焊丝的送丝速度   B. 各控制按钮的动作

    C. 小车的行走速度   D. 输出电流和电压的调节范围

21. （　　）属于钨极氩弧焊机的调试内容。

    A. 供气系统的完好性   B. 焊丝的校直

    C. 小车的行走速度   D. 钨极的直径

22. （   ）属于钨极氩弧焊枪的试验内容。

　　A. 焊丝的送丝速度

　　B. 输出电流和电压的调节范围

　　C. 电弧的稳定性

　　D. 在额定电流和额定负载持续率情况下使用时，焊枪的发热情况

23. （   ）的对接接头不能用焊接接头拉伸试验国家标准进行。

　　A. 焊条电弧焊　　B. 火焰钎焊　　　C. 钨极氩弧焊　　D. 电阻焊

24. （   ）不是按弯曲试样受拉面在焊缝中的位置分的弯曲试样类型。

　　A. 背弯　　　　　B. 侧弯　　　　　C. 直弯　　　　　D. 正弯

25. 弯曲试样中没有（   ）。

　　A. 背弯试样　　　B. 直弯试样　　　C. 侧弯试样　　　D. 正弯试样

26. 弯曲试样焊缝的表面均应用机械方法修整，使之与母材的原始表面平齐，但任何（   ）均不得用机械方法去除。

　　A. 余高　　　　　B. 未焊透　　　　C. 未熔合　　　　D. 咬边

27. 焊接接头硬度试验的测定内容不包括（   ）硬度。

　　A. 魏氏　　　　　B. 维氏　　　　　C. 布氏　　　　　D. 洛氏

28. 斜 Y 型坡口对接裂纹试件坡口表面加工应采用机械切削加工方法的原因之一是（   ）。

　　A. 避免产生表面裂纹　　　　　　　B. 避免产生表面夹渣

　　C. 避免产生表面气孔　　　　　　　D. 避免气割表面硬化

29. 斜 Y 型坡口对接裂纹试件焊完后，应（   ）开始进行裂纹的检测和解剖。

　　A. 经 48 h 以后　　　　　　　　　B. 立即

　　C. 经外观检验以后　　　　　　　　D. 经 X 射线探伤以后

30. 解剖斜 Y 型坡口对接裂纹试件时，不得采用气割方法切去试样，要用机械切割，要避免因切割振动（   ）。

　　A. 引起试件的变形　　　　　　　　B. 引起试件的断裂

　　C. 引起裂纹的愈合　　　　　　　　D. 引起裂纹的扩展

31. 斜 Y 型坡口对接裂纹试验应计算的裂纹率中有（   ）。

　　A. 中心裂纹率　　B. 弧坑裂纹率　　C. 背面裂纹率　　D. 表面裂纹率

32. 一般认为斜 Y 型坡口对接裂纹试验方法，裂纹总长小于试验焊缝长度的（   ），在实际生产中就不致发生裂纹。

　　A. 5%　　　　　　B. 10%　　　　　C. 15%　　　　　D. 20%

33. 白口铸铁中的碳几乎全部以渗碳体（Fe_3C）形式存在，性质（   ）。

　　A. 不软不韧　　　B. 又硬又韧　　　C. 不软不硬　　　D. 又硬又脆

34. 碳是以片状石墨的形式分布于金属基体中的铸铁是（　　）。

　　A. 白口铸铁　　　B. 球墨铸铁　　　C. 可锻铸铁　　　D. 灰铸铁

35. 以下（　　）不是灰铸铁具有的优点。

　　A. 成本低　　　　　　　　　　B. 吸振、耐磨、切削性能好

　　C. 铸造性能好　　　　　　　　D. 较高的强度、塑性和韧性

36. 由于石墨化元素不足和（　　）太快，灰铸铁补焊时，焊缝和半熔化区容易产生白口铸铁组织。

　　A. 电流增长速度　　　　　　　B. 合金元素烧损速度

　　C. 加热速度　　　　　　　　　D. 冷却速度

37. （　　）中的碳以球状石墨存在，因此有较高的强度、塑性和韧性。

　　A. 可锻铸铁　　　B. 球墨铸铁　　　C. 白口铸铁　　　D. 灰铸铁

38. 焊条电弧焊热焊法焊接灰铸铁时，可得到（　　）焊缝。

　　A. 铸铁组织　　　　　　　　　B. 钢组织

　　C. 白口铸铁组织　　　　　　　D. 有色金属组织

39. 灰铸铁的（　　）缺陷不适用于采用铸铁芯焊条不预热焊接方法焊补。

　　A. 砂眼　　　　　　　　　　　B. 不穿透气孔

　　C. 铸件的边、角处缺肉　　　　D. 焊补处刚性较大

40. 对坡口较大、工件受力大的灰铸铁电弧冷焊时，不能采用（　　）的焊接工艺方法。

　　A. 多层焊　　　　　　　　　　B. 栽螺钉焊法

　　C. 合理安排焊接次序　　　　　D. 焊缝高出母材一块

41. 手工电渣焊的电极材料是（　　）。

　　A. 铈钨电极　　　B. 石墨电极　　　C. 纯钨电极　　　D. 钍钨电极

42. 由于铝及铝合金熔点低，高温强度低，熔化时没有显著的颜色变化，因此焊接时容易产生（　　）缺陷。

　　A. 气孔　　　　　B. 接头不等强　　　C. 热裂纹　　　D. 塌陷

43. 由于铝的熔点低，高温强度低，而且（　　），因此焊接时容易产生塌陷。

　　A. 溶解氢的能力强　　　　　　B. 和氧的化学结合力很强

　　C. 低熔共晶较多　　　　　　　D. 熔化时没有显著的颜色变化

44. （　　）适合于焊接铝及铝合金的薄板、全位置焊接。

　　A. 熔化极氩弧焊　　　　　　　B. CO_2 气体保护焊

　　C. 焊条电弧焊　　　　　　　　D. 钨极脉冲氩弧焊

45. 钨极氩弧焊采用直流反接时，不会（　　）。

　　A. 提高电弧稳定性　　　　　　B. 产生阴极破碎作用

　　　　C. 使焊缝夹钨　　　　　　　　D. 使钨极熔化

46. （　　）具有高的耐磨性、良好的力学性能、铸造性能和耐腐蚀性能。

　　　A. 紫铜　　　　　　B. 白铜　　　　　C. 黄铜　　　　　　D. 青铜

47. T4 是（　　）的牌号。

　　　A. 白铜　　　　　　B. 无氧铜　　　　　C. 黄铜　　　　　　D. 紫铜

48. 熔化极氩弧焊焊接铜及其合金时一律采用（　　）。

　　　A. 直流正接　　　　　　　　　　B. 直流正接或交流焊

　　　C. 交流焊　　　　　　　　　　　D. 直流反接

49. （　　）不是工业纯钛所具有的优点。

　　　A. 耐腐蚀　　　　　B. 硬度高　　　　　C. 焊接性好　　　　　D. 易于成型

50. 焊接钛及钛合金最容易出现的焊接缺陷是（　　）。

　　　A. 夹渣和热裂纹　　　　　　　　B. 未熔合和未焊透

　　　C. 烧穿和塌陷　　　　　　　　　D. 气孔和冷裂纹

51. 焊条电弧焊和（　　）均不能满足钛及钛合金焊接质量要求。

　　　A. 等离子焊　　　　　　　　　　B. 钎焊

　　　C. 真空电子束焊　　　　　　　　D. 气焊

52. （　　）焊接时容易出现的问题是焊缝金属的稀释、过渡层和扩散层的形成及焊接接头高应力状态。

　　　A. 珠光体耐热钢　　　　　　　　B. 奥氏体不锈钢

　　　C. 16Mn 和 Q345 钢　　　　　　D. 珠光体钢和奥氏体不锈钢

53. 焊接珠光体钢和奥氏体不锈钢时，焊缝金属的成分和组织可以根据（　　）来进行估计。

　　　A. 碳当量公式计算　　　　　　　B. 铁碳平衡状态图

　　　C. 斜 Y 型坡口对接裂纹实验　　　D. 舍夫勒不锈钢组织图

54. 焊接异种钢时，选择焊接方法的着眼点是应该尽量减小熔合比，特别是要尽量减少（　　）的熔化量。

　　　A. 焊接填充材料　　　　　　　　B. 奥氏体不锈钢和珠光体钢母材

　　　C. 奥氏体不锈钢　　　　　　　　D. 珠光体钢

55. 焊接异种钢时，（　　）电弧搅拌作用强烈，形成的过渡层比较均匀，但需注意限制线能量，控制熔合比。

　　　A. 焊条电弧焊　　　　　　　　　B. 熔化极气体保护焊

　　　C. 不熔化极气体保护焊　　　　　D. 埋弧焊

56. 生产中采用 E309－16 和 E309－15 焊条，焊接珠光体钢和奥氏体不锈钢时，熔合比控制在（　　），才能得到抗裂性能好的奥氏体＋铁素体焊缝组织。

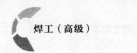

A. 3％～7％   B. 50％以下   C. 2.11％以下   D. 40％以下

57. 珠光体钢和奥氏体不锈钢采用 E309－15 焊条对接焊，操作时应该特别注意（   ）。

    A. 减小热影响区的宽度   B. 减小焊缝的余高

    C. 减小焊缝成形系数   D. 减小珠光体钢熔化量

58. 选用 25－13 型焊接材料，进行珠光体钢和奥氏体不锈钢厚板对接焊时，可先在（   ）的方法，堆焊过渡层。

    A. 奥氏体不锈钢的坡口上，采用单道焊

    B. 奥氏体不锈钢的坡口上，采用多层多道焊

    C. 珠光体钢的坡口上，采用单道焊

    D. 珠光体钢的坡口上，采用多层多道焊

59. 不锈钢复合板的复层接触工作介质，保证耐腐蚀性，（   ）靠基层获得。

    A. 硬度   B. 塑性   C. 韧性   D. 强度

60. 由于铁水在重力作用下产生下垂，因此钢板对接仰焊时，极易（   ）。

    A. 在焊缝背面产生烧穿，焊缝正面产生下凹

    B. 在焊缝正面产生烧穿，焊缝背面产生下凹

    C. 在焊缝背面产生焊瘤，焊缝正面产生下凹

    D. 在焊缝正面产生焊瘤，焊缝背面产生下凹

61. 采用单道焊进行骑坐式管板仰焊位盖面焊时，其优点主要是（   ）。

    A. 不易产生咬边   B. 不易产生未熔合

    C. 焊缝表面不易下垂   D. 外观平整，成型好

62. （   ）不是气割机进行切割的优点。

    A. 适合切割大厚度钢板   B. 适合切割需要预热的中、高碳钢

    C. 气割速度快，精度高   D. 操作灵活方便，成本低

63. 光电跟踪气割机的设备虽然较复杂，由光电跟踪机构和自动气割机组成，但只要有（   ），就可以进行切割。

    A. 轨道   B. 样板   C. 程序   D. 图样

64. 凡承受流体介质压力的密封设备称为（   ）。

    A. 反应塔   B. 锅炉   C. 高炉   D. 压力容器

65. 锅炉压力容器与其他设备相比容易（   ），因此容易发生事故。

    A. 操作失误   B. 超过使用期限

    C. 产生磨损   D. 超负荷

66. 最高工作压力（   ）的压力容器是《容规》适用条件之一。

    A. 小于等于 0.1 MPa   B. 大于等于 1 MPa

　　C. 小于等于 1 MPa　　　　　　　D. 大于等于 0.1 MPa

67. 对压力容器的要求中有（　　）。

　　A. 塑性　　　　　B. 导热性　　　　C. 硬度　　　　D. 密封性

68. 用于焊接压力容器主要受压元件的（　　），其碳的质量分数不应大于 0.25%。

　　A. 铝及铝合金　　　　　　　　　B. 奥氏体不锈钢

　　C. 铜及铜合金　　　　　　　　　D. 碳素钢和低合金钢

69. 压力容器（　　）前，对受压元件之间的对接焊接接头和要求全焊透的 T 形接头等，都应进行焊接工艺评定。

　　A. 水压试验　　B. 返修　　　　C. 设计　　　　　D. 施焊

70. 在压力容器焊接接头的表面质量中，（　　）缺陷是根据压力容器的具体情况而要求的。

　　A. 肉眼可见的夹渣　　　　　　　B. 未熔合

　　C. 弧坑　　　　　　　　　　　　D. 咬边

71. 箱形梁的断面形状为封闭形，整体结构刚性大，可以（　　）。

　　A. 有很高的抗拉强度　　　　　　B. 有很强的变形能力

　　C. 承受环境温度的变化　　　　　D. 承受较大的外力

72. 铝合金焊接时防止气孔的主要措施中没有（　　）。

　　A. 预热降低冷却速度　　　　　　B. 严格清理焊丝表面

　　C. 熔化极氩弧焊用直流反接　　　D. 焊件背面加垫板

73. 在多层容器环焊缝的半熔化区产生带尾巴、形状似蝌蚪的气孔，这是由于（　　）所造成的。

　　A. 焊接材料中的硫、磷含量高　　B. 采用了较大的焊接线能量

　　C. 操作时焊条角度不正确　　　　D. 层板间有油、锈等杂物

74. 除防止产生焊接缺陷外，（　　）是焊接梁和柱时最关键的问题。

　　A. 提高接头强度　　　　　　　　B. 改善接头组织

　　C. 防止应力腐蚀　　　　　　　　D. 防止焊接变形

75. （　　）不是焊接梁和柱时，所采取的减小和预防焊接变形的措施。

　　A. 反变形法　　　　　　　　　　B. 合理的装配－焊接顺序

　　C. 减小焊缝尺寸　　　　　　　　D. 严格清理焊件和焊丝表面

76. 水压试验用的水温，低碳钢和 16MnR 钢不低于 5℃，其他低合金钢不低于（　　）。

　　A. 5℃　　　　　B. 10℃　　　　C. 15℃　　　　D. 20℃

77. 水压试验时，当压力达到试验压力后，要恒压一定时间，观察是否有落压现象，根据（　　），一般为 5～30 min。

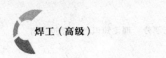

A. 压力容器材料　　　　　　B. 内部介质性质

C. 现场环境温度　　　　　　D. 不同技术要求

78.（　　）包括荧光探伤和着色探伤两种方法。

A. 超声波探伤　　B. X 射线探伤　　C. 磁力探伤　　　D. 渗透探伤

79. 荧光探伤用来发现各种焊接接头的表面缺陷，常作为（　　）的检查。

A. 大型压力容器　　　　　　B. 小型焊接结构

C. 磁性材料工件　　　　　　D. 非磁性材料工件

80. 着色探伤是用来发现各种材料的焊接接头，特别是（　　）等的各种表面缺陷。

A. 16Mn 钢　　　　　　　　B. Q235 钢

C. 耐热钢　　　　　　　　　D. 有色金属及其合金

二、判断题（第81~100题。将判断结果填入括号中。正确的填"√"，错误的填"×"。每题1分，满分20分。）

81.（　　）劳动不是为个人谋生，而只是为增进社会共同利益而劳动。

82.（　　）焊工职业道德的基本规范是：爱岗敬业，忠于职守；诚实守信，办事公道；服务群众，奉献社会；积极参加，公益劳动。

83.（　　）在生产过程中，装配图是进行机械零件加工的重要技术资料。

84.（　　）钢正火后可以降低钢的硬度，便于加工。

85.（　　）16MnNb 钢是我国生产最早，也是目前焊接生产上用量最大的普通低合金高强度钢。

86.（　　）仰焊时，为了防止火星、熔渣造成灼伤，焊工可使用塑料的披肩、长套袖、围裙和脚盖等。

87.（　　）焊工穿工作服时，一定要把袖子和衣领扣扣好，并且为了防止飞溅物，上衣应系在工作裤里边。

88.（　　）人行通道宽度不小于 2.5 m，是焊接场地的安全要求。

89.（　　）高钒铸铁焊条是铁基焊条。

90.（　　）铝及铝合金焊丝是根据用途来分类并确定型号的。

91.（　　）铸铁半热焊时，预热温度为 400℃左右。

92.（　　）铝及铝合金表面的氧化膜具有防腐蚀的作用，因此焊前不能清理掉。

93.（　　）电源参数的测试是埋弧焊机控制系统的调试内容。

94.（　　）焊补灰铸铁时，由于灰铸铁焊缝中含有较多的氢，因此焊接接头容易产生裂纹。

95.（　　）L1、L6 为防锈铝合金。

96.（　　）铝及铝合金的熔化极氩弧焊一律采用交流焊。

97.（　　）数控气割机切割前必须进行划线。

98.（　　）移动式压力容器为《容规》适用范围内的第二类压力容器之一。

99.（　　）焊接梁的翼板和腹板的角焊缝时，通常采用半自动焊，并最好采用平角焊位置焊接。

100.（　　）压力容器焊接时，应限制焊接材料中的硫、磷含量，并采用预热缓冷、焊后热处理等措施，防止冷裂纹的产生。

高级焊工理论知识考试模拟试卷（二）

一、单项选择题（第1～80题。选择一个正确的答案，将相应的字母填入题内的括号中。每题1分，满分80分。）

1. 在机械制图中，主视图是物体在投影面上的（　　　）。

　　A. 水平投影　　　　B. 仰视投影　　　　C. 侧面投影　　　　D. 正面投影

2. 马氏体是碳在α-铁中的过饱和固溶体，其性能特点是（　　　）。

　　A. 韧性很高　　　　B. 塑性很好　　　　C. 无磁性　　　　D. 硬度很高

3. 钢和铸铁都是铁碳合金，铸铁是碳的质量分数（　　　）的铁碳合金。

　　A. 小于2.11%　　　　　　　　　B. 等于2.11%～4.30%

　　C. 大于6.67%　　　　　　　　　D. 等于2.11%～6.67%

4. 塑性指标中没有（　　　）。

　　A. 伸长率　　　　B. 断面收缩率　　　　C. 冷弯角　　　　D. 屈服点

5. 合金结构钢牌号16MnR中，"Mn"表示（　　　）。

　　A. 锰的质量分数的平均值等于0.16%

　　B. 锰的质量分数的平均值小于0.16%

　　C. 锰的质量分数的平均值小于0.5%

　　D. 锰的质量分数的平均值小于1.5%

6. 低温钢必须保证在相应的低温下具有（　　　），而对强度并无要求。

　　A. 很高的低温塑性　　　　　　　B. 足够的低温塑性

　　C. 足够的低温韧性　　　　　　　D. 较低的低温韧性

7. 如果电流方向不变而大小随时间变化，就是（　　　）。

　　A. 直流电　　　　　　　　　　　B. 恒定直流电流

　　C. 交流电　　　　　　　　　　　D. 脉动直流电流

8. （　　　）叫作阴离子。

　　A. 带正电荷的质子　　　　　　　B. 带正电荷的离子

　　C. 带负电荷的分子　　　　　　　D. 带负电荷的离子

9. 用碱性焊条电弧焊时，产生（　　　）有害气体。

A. 氮氧化物　　　B. 一氧化碳　　　C. 臭氧　　　D. 氟化氢

10. 电光性眼炎为眼部受（　　）过度照射所引起的角膜结膜炎。

　　A. 紫外线　　　B. 红外线　　　C. 可见光　　　D. X 射线

11. 切断焊接电源开关后才能进行（　　）。

　　A. 敲渣　　　　　　　　　　B. 更换焊条

　　C. 改变焊机接头　　　　　　D. 调节焊接电流

12. （　　）是焊条电弧焊施焊前必须对焊接电源进行检查的。

　　A. 噪声和振动情况　　　　　B. 电弧的静特性

　　C. 电源的外特性　　　　　　D. 电源的动特性

13. 下列焊条中，（　　）不是镍基铸铁焊条。

　　A. 镍铁铸铁焊条　　　　　　B. 灰铸铁

　　C. 纯镍铸铁焊条　　　　　　D. 镍铜铸铁焊条

14. 气焊铸铁时用的熔剂是（　　）。

　　A. CJ201　　　B. HJ431　　　C. HJ250　　　D. CJ401

15. 型号为 SAlMg－1 的焊丝是（　　）。

　　A. 铝铜焊丝　　　B. 铝镁焊丝　　　C. 铝锰焊丝　　　D. 铝硅焊丝

16. 牌号为 HSCuZn－1 的焊丝是（　　）。

　　A. 紫铜焊丝　　　B. 黄铜焊丝　　　C. 青铜焊丝　　　D. 白铜焊丝

17. 气焊有色金属时，（　　）不是熔剂所起的作用。

　　A. 改善液体的流动性　　　　B. 清除焊件表面的氧化物

　　C. 向焊缝渗入合金元素　　　D. 对熔池金属起到一定的保护作用

18. 为了保证焊补质量，在焊补前，应清除缺陷部位及附近的（　　）。

　　A. 金属及组织　　　B. 球状石墨　　　C. 片状石墨　　　D. 油脂及脏物

19. 铸铁开深坡口焊补时，为了防止焊缝与母材剥离，常采用（　　）。

　　A. 刚性固定法　　　　　　　B. 加热减应区法

　　C. 向焊缝渗入合金法　　　　D. 栽螺钉法

20. 铝及铝合金坡口进行化学清洗时，坡口上如有裂纹和刀痕，则（　　），影响焊接质量。

　　A. 裂纹易扩展　　　B. 刀痕被洗掉　　　C. 清洗时间长　　　D. 易存清洗液

21. 两种不同的金属进行直接焊接时，由于（　　）不同，使焊接电弧不稳定，将使焊缝成型变坏。

　　A. 熔点　　　B. 导热性　　　C. 线膨胀系数　　　D. 电磁性能

22. （　　）属于埋弧焊机电源参数的测试内容。

　　A. 焊丝的送丝速度　　　　　B. 各控制按钮的动作

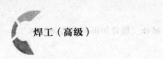

C. 小车的行走速度   D. 输出电流和电压的调节范围

23．（   ）属于钨极氩弧焊机的调试内容。

     A. 供气系统的完好性   B. 焊丝的校直

     C. 小车的行走速度   D. 钨极的直径

24．（   ）属于钨极氩弧焊枪的试验内容。

     A. 焊丝的送丝速度

     B. 输出电流和电压的调节范围

     C. 电弧的稳定性

     D. 在额定电流和额定负载持续率情况下使用时，焊枪的发热情况

25．（   ）的对接接头的弯曲试验不能用焊接接头弯曲试验国家标准进行。

     A. 电阻焊   B. CO_2 气体保护焊

     C. 烙铁钎焊   D. 钨极氩弧焊

26．弯曲试样中没有（   ）。

     A. 背弯试样   B. 直弯试样   C. 侧弯试样   D. 正弯试样

27．焊接接头冲击试样的数量，按缺口所在位置应（   ）3 个。

     A. 各自不少于   B. 总共不少于   C. 平均不大于   D. 平均不少于

28．（   ）是焊接接头硬度试验规定的试样数量。

     A. 不多于 1 个   B. 不多于 3 个   C. 不少于 1 个   D. 不少于 3 个

29．斜 Y 型坡口对接裂纹试件，坡口表面应采用机械切削加工方法的原因之一，是（   ）。

     A. 避免产生表面裂纹   B. 避免产生表面夹渣

     C. 避免产生表面气孔   D. 避免气割表面硬化

30．斜 Y 型坡口对接裂纹试验规定：试件数量为（   ）取两件。

     A. 每次试验   B. 每种母材

     C. 每种焊条   D. 每种焊接工艺参数

31．将斜 Y 型坡口对接裂纹试件采用适当的方法着色后拉断或弯断，然后检测并进行计算的是（   ）。

     A. 中心裂纹率   B. 弧坑裂纹率   C. 断面裂纹率   D. 根部裂纹率

32．一般认为斜 Y 型坡口对接裂纹试验方法，裂纹总长小于试验焊缝长度的（   ），在实际生产中就不致发生裂纹。

     A. 5％   B. 10％   C. 15％   D. 20％

33．碳是以片状石墨的形式分布于金属基体中的铸铁是（   ）。

     A. 白口铸铁   B. 球墨铸铁   C. 可锻铸铁   D. 灰铸铁

34．由于石墨化元素不足和（   ）太快，灰铸铁补焊时，焊缝和半熔化区容易

产生白口铸铁组织。

    A. 电流增长速度   B. 合金元素烧损速度

    C. 加热速度   D. 冷却速度

35. QT400－17 为（   ）的牌号。

    A. 灰铸铁   B. 不锈钢   C. 黄铜   D. 球墨铸铁

36. 灰铸铁焊接时，焊接接头容易产生（   ），是灰铸铁焊接性较差的原因。

    A. 未熔合   B. 夹渣   C. 塌陷   D. 裂纹

37. 灰铸铁焊补时，由于（   ）不足等原因，焊缝和半熔化区容易产生白口铸铁组织。

    A. 脱氧   B. 脱氢   C. 石墨化元素   D. 锰元素

38. 焊补铸铁时，采用加热减应区法的目的是为了（   ）。

    A. 减小焊接应力，防止产生裂纹   B. 防止产生白口铸铁组织

    C. 得到高强度的焊缝   D. 得到高塑性的焊缝

39. 采用焊条电弧焊热焊法时，不能用（   ）的操作方法，焊补灰铸铁缺陷。

    A. 焊接电弧适当拉长   B. 焊后保温缓冷

    C. 粗焊条、连续焊   D. 细焊条、小电流

40. 灰铸铁的（   ）缺陷不适合采用铸铁芯焊条不预热焊接方法焊补。

    A. 砂眼   B. 不穿透气孔

    C. 铸件的边、角处缺肉   D. 焊补处刚性大

41. 手工电渣焊的电极材料是（   ）。

    A. 铈钨电极   B. 石墨电极   C. 纯钨电极   D. 钍钨电极

42. 热处理强化铝合金不包括（   ）。

    A. 硬铝合金   B. 超硬铝合金   C. 锻铝合金   D. 铝镁合金

43. 非热处理强化铝合金不具备（   ）的性能。

    A. 强度中等   B. 焊接性较好

    C. 硬度高   D. 塑性和耐腐蚀性较好

44. 由于铝的热膨胀系数大，凝固收缩率大，因此焊接时（   ），容易产生热裂纹。

    A. 熔池含氧量高

    B. 熔化时没有显著的颜色变化

    C. 高温强度低

    D. 产生较大的焊接应力

45. （   ）适合于焊接铝及铝合金的薄板、全位置焊接。

    A. 熔化焊   B. CO_2 气体保护焊

C. 焊条电弧焊   D. 钨极脉冲氩弧焊

46.（　　）具有高的耐磨性、良好的力学性能、铸造性能和耐腐蚀性能。

     A. 紫铜   B. 白铜   C. 黄铜   D. 青铜

47. 黄铜焊接时，由于锌的蒸发，不会（　　）。

     A. 改变焊缝的化学成分   B. 使焊接操作发生困难

     C. 提高焊接接头的力学性能   D. 影响焊工的身体健康

48. 焊接钛及钛合金时，不能采用（　　）焊接。

     A. 惰性气体保护   B. 真空保护

     C. 在氩气箱中   D. CO_2 气体保护

49. 焊条电弧焊和（　　）均不能满足钛及钛合金焊接质量要求。

     A. 等离子焊   B. 钎焊

     C. 真空电子束焊   D. 气焊

50. 为了得到优质焊接接头，钛及钛合金氩弧焊的关键是对 400℃以上区域的保护，所需特殊保护措施中没有（　　）。

     A. 采用喷嘴加拖罩

     B. 在充氩或充氩－氦混合气的箱内焊接

     C. 焊件背面采用充氩装置

     D. 在充 CO_2 或氩＋CO_2 混合气的箱内焊接

51. 钛及钛合金焊接时，焊缝和热影响区呈（　　），表示保护效果最好。

     A. 淡黄色   B. 深蓝色   C. 金紫色   D. 银白色

52.（　　）焊接时容易出现的问题是焊缝金属的稀释、过渡层和扩散层的形成及焊接接头高应力状态。

     A. 珠光体耐热钢   B. 奥氏体不锈钢

     C. 16Mn 和 Q345 钢   D. 珠光体钢和奥氏体不锈钢

53. 珠光体钢和奥氏体不锈钢焊接，选择奥氏体不锈钢焊条作填充材料时，由于熔化的珠光体母材的稀释作用，可能使焊缝金属出现（　　）组织。

     A. 奥氏体   B. 渗碳体   C. 马氏体   D. 珠光体

54. 焊接异种钢时，选择焊接方法的着眼点是应该尽量减小熔合比，特别是要尽量减少（　　）的熔化量。

     A. 焊接填充材料   B. 奥氏体不锈钢和珠光体钢母材

     C. 奥氏体不锈钢   D. 珠光体钢

55. 焊接异种钢时，（　　）电弧搅拌作用强烈，形成过渡层比较均匀，但需注意限制线能量，控制熔合比。

     A. 焊条电弧焊   B. 熔化极气体保护焊

C. 不熔化极气体保护焊　　　　D. 埋弧焊

56. 生产中采用 E309－16 和 E309－15 焊条，焊接珠光体钢和奥氏体不锈钢时，熔合比控制在（　　），才能得到抗裂性能好的奥氏体＋铁素体焊缝组织。

　　A. 3%～7%　　B. 50%以下　　C. 2.11%以下　　D. 40%以下

57. 珠光体钢和奥氏体不锈钢采用 E309－15 焊条对接焊，操作时应该特别注意（　　）。

　　A. 减小热影响区的宽度　　　　B. 减小焊缝的余高

　　C. 减小焊缝成形系数　　　　　D. 减小珠光体钢的熔化量

58. 选用 25－13 型焊接材料，进行珠光体钢和奥氏体不锈钢厚板对接焊时，可先在（　　）的方法，堆焊过渡层。

　　A. 奥氏体不锈钢的坡口上，采用单道焊

　　B. 奥氏体不锈钢的坡口上，采用多层多道焊

　　C. 珠光体钢的坡口上，采用单道焊

　　D. 珠光体钢的坡口上，采用多层多道焊

59. 不锈钢复合板的复层接触工作介质，保证耐腐蚀性，（　　）靠基层获得。

　　A. 硬度　　　　B. 塑性　　　　C. 韧性　　　　D. 强度

60. 由于铁水在重力作用下产生下垂，因此钢板对接仰焊时，极易（　　）。

　　A. 在焊缝背面产生烧穿，焊缝正面产生下凹

　　B. 在焊缝正面产生烧穿，焊缝背面产生下凹

　　C. 在焊缝背面产生焊瘤，焊缝正面产生下凹

　　D. 在焊缝正面产生焊瘤，焊缝背面产生下凹

61. 管子水平固定位置向上焊接，一般起焊分别从相当于（　　）位置收弧。

　　A. "时钟 3 点"起，"时钟 9 点"　　B. "时钟 12 点"起，"时钟 12 点"

　　C. "时钟 12 点"起，"时钟 6 点"　　D. "时钟 6 点"起，"时钟 12 点"

62. 仿形气割机的割炬是（　　）移动，切割出所需形状的工件的。

　　A. 沿着轨道　　　　　　　　　B. 根据图样

　　C. 按照给定的程序　　　　　　D. 随着磁头沿一定形状的靠模

63. 数控气割机自动切割前必须（　　）。

　　A. 铺好轨道　　B. 提供指令　　C. 划好图样　　D. 做好样板

64. （　　）不是数控气割机的优点。

　　A. 省去放样、划线等工序　　　B. 生产效率高

　　C. 切口质量好　　　　　　　　D. 成本低、设备简单

65. 锅炉压力容器是生产和生活中广泛使用的、有（　　）危险的承压设备。

　　A. 火灾　　　　B. 断裂　　　　C. 塌陷　　　　D. 爆炸

66. 容器的设计压力为 1.6 MPa≤P<10 MPa 的压力容器为（   ）。

    A. 高压容器   B. 超高压容器   C. 低压容器   D. 中压容器

67. 属于《容规》适用范围内的（   ）压力容器，其压力、介质危害程度等条件最高。

    A. 第四类   B. 第三类   C. 第二类   D. 第一类

68. 移动式压力容器，包括铁路罐车、罐式汽车等为《容规》适用范围内的（   ）压力容器之一。

    A. 第二类   B. 第四类   C. 第一类   D. 第三类

69. 在特殊条件下，碳的质量分数超过 0.25% 的焊接压力容器钢材，应限定（   ）不大于 0.45%。

    A. 锰当量   B. 磷的质量分数

    C. 硫的质量分数   D. 碳当量

70. 在压力容器焊接接头的表面质量中，（   ）缺陷是根据压力容器的具体情况而要求的。

    A. 肉眼可见的夹渣   B. 未熔合

    C. 弧坑   D. 咬边

71. 箱形梁的断面形状为封闭形，整体结构刚性大，可以（   ）。

    A. 有很高的抗拉强度   B. 有很强的变形能力

    C. 承受环境温度的变化   D. 承受较大的外力

72. 焊接梁的翼板和腹板的角焊缝时，通常采用（   ）。

    A. 半自动焊全位置焊   B. 焊条电弧焊全位置焊

    C. 半自动焊横焊   D. 自动船形焊

73. 铸铁焊接时，防止 CO 气孔的措施主要有（   ）。

    A. 烘干焊条

    B. 严格清理坡口表面的油、水、锈、污垢

    C. 严格清理焊丝表面

    D. 采用石墨型药皮焊条

74. 焊接铸铁时，用气焊火焰烧烤铸件坡口表面（400℃以下），目的是为了防止产生（   ）。

    A. 白口铸铁   B. 热裂纹   C. CO 气孔   D. 氢气孔

75. 铜及铜合金焊接时，（   ）不是防止产生热裂纹的措施。

    A. 焊前预热   B. 焊丝中加入脱氧元素

    C. 焊后锤击焊缝   D. 气焊采用氧化焰

76. 除防止产生焊接缺陷外，（   ）是焊接梁和柱时最关键的问题。

A. 提高接头强度　　　　　　　　B. 改善接头组织

C. 防止应力腐蚀　　　　　　　　D. 防止焊接变形

77. 一般来说，对锅炉压力容器和管道焊后（　　　）。

A. 可以不做水压试验　　　　　　B. 根据结构重要性做水压试验

C. 根据技术要求做水压试验　　　D. 都必须做水压试验

78. 水压试验用的水温，低碳钢和 16MnR 钢不低于 5℃，其他低合金钢不低于（　　　）。

A. 5℃　　　　　B. 10℃　　　　　C. 15℃　　　　　D. 20℃

79. （　　　）包括荧光探伤和着色探伤两种方法。

A. 超声波探伤　　　　　　　　　B. X 射线探伤

C. 磁力探伤　　　　　　　　　　D. 渗透探伤

80. 荧光探伤时，由于荧光液和显像粉的作用，缺陷处出现强烈的荧光，根据（　　　）不同，就可以确定缺陷的位置和大小。

A. 发光停留的时间　　　　　　　B. 光的颜色

C. 光的波长　　　　　　　　　　D. 发光程度

二、判断题（第 81～100 题，将判断结果填入括号中，正确的填"√"，错误的填"×"，每题 1 分，满分 20 分。）

81. （　　　）劳动不是为个人谋生，而只是为增进社会共同利益而劳动。

82. （　　　）焊工职业道德的基本规范是：爱岗敬业，忠于职守；诚实守信，办事公道；服务群众，奉献社会；积极参加，公益活动。

83. （　　　）图形不论放大或缩小，在标注尺寸时，应按机件实际尺寸标注，与图形比例无关。

84. （　　　）钢材的性能不仅取决于钢材的化学成分，而且取决于钢材的形状。

85. （　　　）硬度是衡量材料抵抗断裂的能力的指标。

86. （　　　）在三相四线制供电电路中，任意两端线间的电压称为线电压，电压为 220 V，而端线与中线间的电压称为相电压，电压为 380 V。

87. （　　　）一般我国焊条电弧焊用的弧焊变压器，空载电压为 50～90 V，弧焊整流器的空载电压为 55～80 V。

88. （　　　）应检查电焊钳的导磁性、隔热性、夹持焊条的牢固性和耐腐蚀性。

89. （　　　）Q235 钢与低碳钢的焊接属于异种钢焊接。

90. （　　　）焊接试验不是埋弧焊机的调试内容。

91. （　　　）对气、电各程序的设置能否满足工艺需要是钨极氩弧焊机电源的调试

内容。

92.（　　）弯曲试样的样坯从试件上截取时，横弯试样应垂直于焊缝轴线。

93.（　　）斜 Y 型坡口对接裂纹试验后，检测和解剖试件，并分别计算出表面裂纹率、断面裂纹率和根部裂纹率。

94.（　　）焊补灰铸铁时，由于灰铸铁焊缝中含有较多的氢，因此焊接接头容易产生裂纹。

95.（　　）钨极氩弧焊焊前引燃电弧后，电弧在工件上面垂直不动，熔化点周围呈银灰色，即有阴极破碎作用。

96.（　　）为了防止锌的蒸发，气焊黄铜时应使用中性焰。

97.（　　）压力容器同一部位的返修次数不宜超过 3 次。

98.（　　）工作时承受拉伸的杆件叫柱。

99.（　　）铸铁焊接时，焊缝中产生的气孔主要为 CO_2 气孔和氮气孔。

100.（　　）水压试验的试验压力一般为工作压力的 1.5～2 倍。

高级焊工理论知识考试模拟试卷（三）

一、**单项选择题**（第 1～80 题。选择一个正确的答案，将相应的字母填入题内的括号中。每题 1 分，满分 80 分。）

1. 劳动者通过诚实的劳动，在改善自己生活的同时，也为（　　）而劳动，为建设国家而劳动。

    A. 完成生产计划　　　　　　　　B. 增进社会共同利益

    C. 提高个人技能　　　　　　　　D. 个人奋斗目标

2. 当零件图中尺寸数字前面有字母 M 时，表示（　　）的牙型代号。

    A. 梯形螺纹　　　B. 管螺纹　　　C. 锯齿形螺纹　　　D. 普通螺纹

3. 在生产过程中，（　　）是进行装配、检验、安装及维修的重要技术资料。

    A. 部件图　　　B. 零件图　　　C. 剖视图　　　　　D. 装配图

4. 钢材的性能取决于钢材的（　　）。

    A. 化学成分和形状　　　　　　　B. 化学成分和厚度

    C. 化学成分和组织　　　　　　　D. 化学成分和长度

5. 将金属加热到一定温度，并保持一定时间，然后以一定的冷却速度冷却到室温，这个过程称为（　　）。

    A. 淬火处理　　　B. 调质处理　　　C. 热处理　　　D. 热循环

6. 在焊接过程中，被焊工件由于受热不均匀而产生不均匀的热膨胀，就会导致焊件产生（　　）。

    A. 裂纹　　　　　B. 气孔　　　　　C. 变形　　　　D. 咬边

7. 碳素结构钢的牌号采用屈服点的字母"Q"、（　　）和质量等级、脱氧方式等符号来表示。

    A. 抗拉强度的数值　　　　　　　B. 冲击韧度的数值

    C. 屈服点的数值　　　　　　　　D. 伸长率的数值

8. 优质碳素结构钢的牌号用两位阿拉伯数字和规定符号表示，阿拉伯数字表示碳的质量分数的平均值（　　）。

    A. 以十分之几计　　　　　　　　B. 以百分之几计

C. 以千分之几计　　　　　　　　D. 以万分之几计

9. 产品使用了低合金结构钢并不能大大地（　　）。

　　A. 减轻了重量　　　　　　　　B. 提高了产品质量

　　C. 提高了使用寿命　　　　　　D. 提高了抗晶间腐蚀的能力

10. 触电事故是电焊操作的主要危险，因为电焊设备的空载电压一般都超过安全电压，如弧焊整流器的空载电压为（　　）。

　　A. 50～70 V　　B. 60～80 V　　C. 80～100 V　　D. 50～90 V

11. 未在适当保护下的眼睛，长期慢性小剂量暴露于（　　）下，也可能发生调适机能减退和早期眼花。

　　A. 电弧光　　　B. 可见光　　　C. 紫外线　　　D. 红外线

12. 焊条电弧焊一般安全操作规程之一是工作完毕离开作业现场时须（　　），清理好现场，防止留下事故隐患。

　　A. 关掉电灯　　　　　　　　　B. 操作人员一齐离开

　　C. 切断气源　　　　　　　　　D. 切断电源

13. 下列焊丝中，（　　）是硅铝焊丝。

　　A. SAl－3　　B. SalMn　　C. SalMg－5　　D. SAlSi－1

14. 铜及铜合金焊丝牌号中，元素符号后面的数字表示（　　），并用短画"－"与前面的元素符号分开。

　　A. 不同的合金含量　　　　　　B. 不同的用途

　　C. 不同的组织　　　　　　　　D. 不同的品种

15. 焊接黄铜时，为了抑制（　　）的蒸发，可选用含硅量高的黄铜或硅青铜焊丝。

　　A. 铜　　　　　B. 锰　　　　　C. 锌　　　　　D. 硅

16. CJ301 是（　　）气焊用熔剂。

　　A. 不锈钢　　　B. 铝及铝合金　　C. 铸铁　　　D. 铜及铜合金

17. 铸铁焊补前，在坡口上栽螺钉的目的是为了防止（　　）。

　　A. 焊接接头产生白口组织　　　B. 焊缝与母材剥离

　　C. 焊缝产生气孔　　　　　　　D. 熔融金属外流

18. 厚度超过5～10 mm 的厚大铝件，如不预热，将产生（　　）缺陷。

　　A. 夹渣　　　　B. 冷裂纹　　　C. 未焊透　　　D. 咬边

19. 一般情况下，铜及铜合金不宜采用立焊和仰焊的原因是由于其（　　）。

　　A. 导热性好　　B. 塑性好　　　C. 易氧化　　　D. 液态流动性好

20. 为了防止铜及铜合金焊接时产生未熔合，焊前常（　　）。

　　A. 不预热　　　　　　　　　　B. 预热到 100～150℃

　　C. 预热到 300～700℃　　　　　D. 预热到 700～800℃

21. 埋弧焊机电源的测试不包括（　　）。

    A. 引弧操作的有效和可靠性　　　B. 电流和电压变化的均匀性

    C. 输出电流和电压的调节范围　　D. 电源的技术参数

22. 埋弧焊机控制系统的调试不包括测试（　　）。

    A. 小车行走速度　　　　　　　　B. 焊剂的铺撒和回收

    C. 引弧操作性能　　　　　　　　D. 焊丝的送丝速度

23. 钨极氩弧焊机控制系统的调试不包括测试（　　）。

    A. 小车性能测试

    B. 引弧性能

    C. 交流电源阴极雾化作用

    D. 输入电压变化时，输出电流的变化

24. （　　）是焊接接头力学性能试验测定的内容。

    A. 焊件的韧性　　　　　　　　　B. 母材的强度

    C. 焊接接头的塑性　　　　　　　D. 母材的韧性

25. 《焊接接头弯曲试验国家标准》（GB 2653—2008）不适用于（　　）的对接接头。

    A. 埋弧自动焊　　B. 真空钎焊　　C. 电阻焊　　　D. 焊条电弧焊

26. 焊接接头的弯曲试验不能检验接头的（　　）。

    A. 抗拉强度　　B. 显示缺陷　　C. 塑性　　　　D. 弯曲角度

27. 背弯试样是指试样受拉面为（　　）的弯曲试样。

    A. 焊缝横剖面　　B. 焊缝背面　　C. 焊缝纵剖面　　D. 焊缝正面

28. 应在（　　）于焊缝轴线方向的相应区段截取焊接接头硬度试样的样坯。

    A. 平行　　　　　B. 45°　　　　　C. 垂直　　　　D. 60°

29. 斜 Y 型坡口对接裂纹试件两端的拘束焊缝应采用（　　）。

    A. 钛钙型焊条　　　　　　　　　B. 低氢型焊条

    C. 钛铁矿型焊条　　　　　　　　D. 高纤维钾型焊条

30. 斜 Y 型坡口对接裂纹试件中间的试验焊缝应为（　　）。

    A. 4 道　　　　　B. 3 道　　　　　C. 2 道　　　　D. 1 道

31. 斜 Y 型坡口对接裂纹试件焊完后，经（　　）才能开始进行裂纹的检测和解剖。

    A. 退火处理以后　　　　　　　　B. 正火处理以后

    C. 48 h 以后　　　　　　　　　　D. 12 h 以后

32. 将斜 Y 型坡口对接裂纹试件采用适当的方法（　　）后拉断或弯断，然后检测根部裂纹情况，计算出根部裂纹率。

    A. 着色　　　　B. 外观检验　　　C. 超声波探伤　　D. X 射线探伤

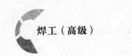

33. 铸铁的分类中不包括（   ）。

    A. 白口铸铁   B. 灰铸铁   C. 可浇铸铁   D. 球墨铸铁

34. （   ）中的碳几乎全部以渗碳体（Fe_3C）形式存在。

    A. 低碳钢   B. 不锈钢   C. 白口铸铁   D. 低合金钢

35. 碳以（   ）形式分布于金属基体中的铸铁是灰铸铁。

    A. 片状石墨   B. 团絮状石墨   C. 球状石墨   D. Fe_3C

36. 铸铁牌号 HT100 中，"HT" 为（   ）的牌号。

    A. 球墨铸铁   B. 灰铸铁   C. 白口铸铁   D. 可锻铸铁

37. 由于球墨铸铁中的碳以球状石墨存在，因此具有（   ）的特性。

    A. 抗拉强度低   B. 很高的硬度

    C. 伸长率几乎等于零   D. 较高的强度、塑性和韧性

38. 采用非铸铁型焊接材料焊补铸铁，是为了（   ）的说法是错误的。

    A. 得到塑性好、强度高的焊缝   B. 松弛焊接应力

    C. 得到性能和母材相同的焊缝   D. 避免裂纹

39. 焊条电弧焊热焊法焊接灰铸铁，可得到（   ）焊缝。

    A. 铸铁组织   B. 钢组织

    C. 白口铸铁组织   D. 有色金属组织

40. 铸铁焊条不预热焊接方法不适用于焊补（   ）铸件。

    A. 中、小型   B. 壁厚比较均匀的

    C. 结构应力较小的   D. 大型

41. （   ）是防锈铝合金。

    A. 硬铝合金   B. 铝镁合金   C. 超硬铝合金   D. 锻铝合金

42. 非热处理强化铝合金不具备（   ）的性能。

    A. 强度中等   B. 焊接性好

    C. 硬度高   D. 塑性和耐腐性较好

43. 铝在气焊过程中，破坏和清除氧化膜的措施是（   ）。

    A. 提高焊接速度   B. 对焊件进行预热

    C. 加气焊粉   D. 提高火焰能率

44. 熔化极氩弧焊焊接铝及铝合金（   ）直流反接。

    A. 采用交流焊或   B. 采用交流焊不采用

    C. 采用直流正接或   D. 一律采用

45. 钨极氩弧焊焊前检查阴极破碎作用时，熔化点周围应呈（   ）色。

    A. 金黄   B. 银灰   C. 乳白   D. 浅黄

46. 铜锌合金是（   ）。

    A. 白铜   B. 紫铜   C. 黄铜   D. 红铜

47. 具有极好的导电性和导热性、良好的塑性、耐腐蚀性及低温性能的是（　　）。

    A. 紫铜   B. 黄铜   C. 青铜   D. 白铜

48. 黄铜的（　　）比紫铜差。

    A. 导电性   B. 强度   C. 耐腐蚀性   D. 硬度

49. （　　）具有很高的耐磨性、良好的力学性能、铸造性能和耐腐蚀性能。

    A. 紫铜   B. 白铜   C. 黄铜   D. 青铜

50. 钛合金最大的优点是（　　），又具有良好的韧性和焊接性，在航空航天工业中具有重要应用。

    A. 比强度大   B. 硬度高   C. 导热性极好   D. 导电性极好

51. 焊接钛及钛合金最容易出现的焊接缺陷是（　　）。

    A. 夹渣和热裂纹   B. 气孔和冷裂纹

    C. 烧穿和塌陷   D. 未熔合和未焊透

52. 为了得到优质焊接接头，钛及钛合金氩弧焊的关键是对（　　）区域的保护，因此需要用特殊的保护装置。

    A. 300℃以上   B. 400℃以上   C. 500℃以上   D. 700℃以上

53. 珠光体钢和奥氏体不锈钢焊接时容易产生的问题是（　　）的说法是错误的。

    A. 焊接接头高应力状态   B. 焊缝金属的稀释

    C. 焊接接头产生晶间腐蚀   D. 扩散层的形成

54. 珠光体钢和奥氏体不锈钢焊接，选择奥氏体不锈钢焊条作填充材料时，熔化的珠光体母材对焊缝金属中（　　）。

    A. 合金元素的含量具有冲淡作用   B. 合金元素的含量具有添加作用

    C. 有害元素的含量具有消除作用   D. 有害气体的含量具有冲淡作用

55. 带极埋弧堆焊和（　　）熔合比最小，是焊接异种钢常用的焊接方法。

    A. 埋弧焊   B. 不熔化极气体保护焊

    C. 焊条电弧焊   D. 熔化极气体保护焊

56. 珠光体钢和奥氏体不锈钢生产中广泛采用（　　）焊条，以得到抗裂性能好的奥氏体＋铁素体的焊缝组织。

    A. E309－15   B. E310－15   C. E4303   D. E5015

57. 珠光体钢和奥氏体不锈钢厚板对接焊时，可先在珠光体钢的坡口用（　　）的方法堆焊过渡层。

    A. 18－8型焊接材料，采用多层多道焊

    B. 25－13型焊接材料，采用单道焊

    C. 25－13型焊接材料，采用多层多道焊

D. 25-20 型焊接材料，采用单道焊

58. 不锈钢复合板的（　　）获得。

 A. 复层保证耐腐蚀性，强度靠基层

 B. 基层保证耐腐蚀性，强度靠复层

 C. 复层保证耐腐蚀性，韧性靠基层

 D. 基层保证耐腐蚀性，韧性靠复层

59. 管板仰焊位盖面焊采用单道焊时不具备（　　）的特点。

 A. 外观平整、成型好   B. 可有效防止产生未熔合

 C. 操作稳定性较高   D. 焊缝表面易下垂

60. （　　）不是气割机切割的缺点。

 A. 操作不灵活方便   B. 气割速度、精度低

 C. 设备较复杂   D. 成本高

61. 光电跟踪气割机是（　　）进行切割的。

 A. 按照给定的程序   B. 沿着给定的轨道

 C. 根据给定的图样   D. 利用磁力靠模原理

62. 数控气割机在气割前，应该（　　）。

 A. 制作样板   B. 进行划线   C. 进行放样   D. 输入指令

63. （　　）不是锅炉和压力容器所具有的特点。

 A. 使用广泛   B. 工作条件恶劣

 C. 不要求连续运行   D. 容易发生事故

64. 锅炉压力容器与其他设备相比容易（　　）。

 A. 操作失误   B. 超过使用期限

 C. 产生磨损   D. 超负荷

65. 最高工作压力（　　）的压力容器是《容规》适用条件之一。

 A. 小于等于 0.1 MPa   B. 大于等于 1 MPa

 C. 小于等于 10 MPa   D. 大于等于 0.1 MPa

66. 中压容器的设计压力为（　　）。

 A. $0.1\ MPa \leqslant P < 1.6\ MPa$ B. $1.6\ MPa \leqslant P < 10\ MPa$

 C. $0.1\ MPa \leqslant P \leqslant 16\ MPa$ D. $10\ MPa \leqslant P \leqslant 100\ MPa$

67. 设计压力为 $P \geqslant 100\ MPa$ 的压力容器属于（　　）。

 A. 超高压容器   B. 高压容器   C. 中压容器   D. 低压容器

68. 用于焊接压力容器主要受压元件的钢材，如果碳的质量分数超过 0.25%，应限定碳当量（　　）。

 A. 不小于 0.45%   B. 不大于 0.45%

C. 应等于 0.45%　　　　　　　　　　D. 应大于等于 0.45%

69. 压力容器压力试验后需返修的，返修部位必须按原要求经（　　）合格。

　　A. 硬度试验　　　B. 无损检测　　　C. 强度检测　　　D. 外观检查

70. （　　）的断面形状为封闭形，整体结构刚性大，可以承受较大的外力。

　　A. 工字梁　　　B. 十字梁　　　C. 箱形梁　　　D. 形梁

71. 焊接梁的（　　）时，通常采用自动焊，并最好采用船形焊。

　　A. 肋板和腹板的角焊缝　　　　　　B. 翼板和腹板的角焊缝

　　C. 翼板和肋板的角焊缝　　　　　　D. 腹板和腹板的平焊缝

72. 柱的结构中没有（　　）。

　　A. 柱腰　　　B. 柱脚　　　C. 柱身　　　D. 柱头

73. 焊接铸铁时，焊缝中产生的气孔类型主要为（　　）。

　　A. CO_2 气孔和氮气孔　　　　　　B. CO 气孔和 CO_2 气孔

　　C. CO 气孔和氢气孔　　　　　　　D. CO_2 气孔和氢气孔

74. 为了防止铸铁焊接时产生 CO 气孔而采取的措施中没有（　　）。

　　A. 气焊时使用 CJ201 熔剂　　　　　B. 烘干焊条

　　C. 采用石墨型药皮焊条　　　　　　D. 用中性焰或弱碳化焰气焊

75. 铸铁焊接时，（　　）不是为了防止氢气孔所采取的措施。

　　A. 严格清理焊丝表面的油、水、锈、污垢

　　B. 采用石墨型药皮焊条

　　C. 严格清理铸件坡口表面

　　D. 烘干焊条

76. 铝合金焊接时防止气孔的主要措施有（　　）。

　　A. 采用纯度高的保护气体　　　　　B. 选用含 5%Si 的铝硅焊丝

　　C. 选用热量集中的焊接方法　　　　D. 采用小的焊接电流

77. 压力容器焊接时，（　　）不是为了防止产生冷裂纹所采取的措施。

　　A. 采用合理的焊接顺序和方法　　　B. 后热及焊后热处理

　　C. 注意调整焊条角度　　　　　　　D. 选用低氢型焊条

78. 一般来说，对锅炉压力容器和管道焊后（　　）。

　　A. 可以不做水压试验　　　　　　　B. 根据结构重要性做水压试验

　　C. 根据技术要求做水压试验　　　　D. 都必须做水压试验

79. 压力容器和管道水压试验时，试验场地的温度一般不得低于（　　）。

　　A. −5℃　　　B. 5℃　　　C. 15℃　　　D. 25℃

80. 着色探伤是用来发现各种材料的焊接接头，特别是非磁性材料的（　　）。

　　A. 深层缺陷　　　B. 表面缺陷　　　C. 内部缺陷　　　D. 组织缺陷

二、判断题（第 81～100 题。将判断结果填入括号中，正确的填"√"，错误的填"×"。每题 1 分，满分 20 分。）

81. （　　）从事职业活动的人要自觉遵守和职业活动、行为有关的制度和纪律。

82. （　　）将亚共析钢加热到 A1 以上 30～70℃，在此温度下保持一定时间，然后快速冷却，该热处理工艺方法称为淬火。

83. （　　）电流的单位是安培（A），还有 mA、kA、μA。

84. （　　）导体电阻的大小与物质的导电性能（即电阻率）及导体的长度成正比，而与导体的截面积成反比。

85. （　　）原子是由居于中心的带正电的原子核和核外带负电的电子构成的。

86. （　　）对于潮湿而触电危险性又较大的环境，我国规定安全电压为 24 V。

87. （　　）焊接作业个人防护措施的重点，是切实做好施焊作业场所的通风排尘及搞好焊工的个人卫生。

88. （　　）焊工穿工作服时，一定要把袖子和衣领扣扣好，并且为了防止飞溅物，上衣应系在工作裤里边。

89. （　　）高钒铸铁焊条是铁基焊条。

90. （　　）常采用砂轮打磨铝及铝合金坡口，以便彻底清除氧化膜。

91. （　　）焊接试验不是埋弧焊机的调试内容。

92. （　　）引弧性能是钨极氩弧焊枪的试验内容之一。

93. （　　）焊接接头的弯曲试样按试样受拉而在焊缝中的位置，可分为正弯、背弯和侧弯。

94. （　　）焊条电弧焊热焊法焊补灰铸铁的操作方法是：应尽量选择较大直径的焊条，电弧适当拉长，连续焊，焊后保温缓冷。

95. （　　）电弧冷焊灰铸铁时，应增加焊接热输入，以减小焊接应力，防止裂纹，使半熔化区的白口铸铁组织变薄，有利于加工。

96. （　　）焊接异种钢时，选择焊接方法的着眼点是应该尽量减小熔合比，特别是要尽量减少奥氏体不锈钢的熔化量。

97. （　　）珠光体钢和奥氏体不锈钢对接焊时，选用 E308－15 焊条，应采用大电流、高电压、单道焊接。

98. （　　）管子水平固定位置向上焊接分两个半圆进行，分别从相当于"时钟12 点位置"（平焊）起弧，相当于"时钟 6 点位置"（仰焊）收弧。

99. （　　）压力容器和管道水压试验用的水温，低碳钢和 16MnR 钢不低于 15℃。

100. （　　）渗透探伤是利用某些液体的渗透性来发现和显示缺陷的。

高级焊工理论知识考试模拟试卷（四）

一、单项选择题（第1～80题。选择一个正确的答案，将相应的字母填入题内的括号中。每题1分，满分80分。）

1. 在社会劳动过程中，劳动（　　　）。

 A. 仅仅是为了个人谋生

 B. 仅仅是为社会服务

 C. 只是为个人谋生，而不是为社会服务

 D. 既是为个人谋生，也是为社会服务

2. 在职业活动、行为有关的制度和纪律中，（　　　）是不属于这个范畴的。

 A. 安全操作规程　　　　　　　　　B. 履行岗位职责

 C. 交通法规　　　　　　　　　　　D. 完成企业分派的任务

3. （　　　）是铁素体和渗碳体的机械混合物。

 A. 马氏体　　　　B. 奥氏体　　　　C. 莱氏体　　　　D. 珠光体

4. （　　　）的室温组织为珠光体＋铁素体。

 A. 铸铁　　　　　B. 不锈钢　　　　C. 耐热钢　　　　D. 低碳钢

5. 常用的硬度指标中没有（　　　）。

 A. 布氏硬度　　　B. 洛氏硬度　　　C. 维氏硬度　　　D. 奥氏硬度

6. 16Mn钢是我国生产最早，也是目前焊接生产上用量最大的（　　　）。

 A. 普通低碳钢　　　　　　　　　　B. 奥氏体不锈钢

 C. 珠光体耐热钢　　　　　　　　　D. 普通低合金高度钢

7. 为扩大交流电压表量程，应配用（　　　）。

 A. 电流分流器　　B. 电压分流　　　C. 电流互感器　　D. 电压互感器

8. 在有泥、砖、湿木板、钢筋混凝土、金属等材料或其他导电材料的地面上进行电焊作业时，属于触电（　　　）。

 A. 普通环境　　　　　　　　　　　B. 极度危险环境

 C. 特别危险环境　　　　　　　　　D. 危险环境

9. 仰焊时，为了防止火星、熔渣造成灼伤，焊工可用（　　　）的披肩、长套袖、围裙和脚盖等。

  A. 塑料   B. 合成纤维织物

  C. 石棉物   D. 棉布

10. 在可能触电的焊接场所工作时，焊工所用的防护手套应经耐电压（   ）试验，合格后方能使用。

  A. 220 V   B. 380 V   C. 1 000 V   D. 3 000 V

11. 焊工防护鞋的橡胶鞋底，经耐电压（   ）耐压试验，合格（不击穿）后方能使用。

  A. 220 V   B. 380 V   C. 3 000 V   D. 5 000 V

12. 焊前应将（   ）范围内的各类可燃易爆物品清理干净。

  A. 10 m   B. 12 m   C. 15 m   D. 20 m

13. 下列焊条中，（   ）不是镍基焊条。

  A. 镍铁铸铁焊条   B. 灰铸铁焊条

  C. 纯镍铸铁焊条   D. 镍铜铸铁焊条

14. 型号为 SAlMg－1 的焊丝是（   ）。

  A. 铝铜焊丝   B. 铝镁焊丝   C. 铝锰焊丝   D. 铝硅焊丝

15. 气焊铝及铝合金用的熔剂是（   ）。

  A. CJ401   B. HJ431   C. HJ250   D. CJ101

16. 为了抑制锌的蒸发，焊接黄铜时，可选用含硅量高的黄铜或（   ）焊丝。

  A. 铝青铜   B. 镍铝青铜   C. 锡青铜   D. 硅青铜

17. 气焊铜及铜合金用的熔剂是（   ）。

  A. CJ301   B. HJ431   C. HJ250   D. CJ101

18. 为了保证焊补质量，在焊补前，应清除缺陷部位及附近的（   ）。

  A. 金属及组织   B. 球状石墨   C. 片状石墨   D. 油脂及赃物

19. 铝及铝合金厚度超过 5～10 mm 时，焊前应（   ）。

  A. 不预热   B. 预热   C. 热处理   D. 刚性固定

20. 铜及铜合金单面焊双面成型时，为保证焊缝成型，接头背面应（   ）。

  A. 采用气保护   B. 采用渣保护   C. 采用水冷   D. 采用垫板

21. （   ）属于埋弧焊机电源参数的测试内容。

  A. 焊丝的送丝速度   B. 各控制按钮的动作

  C. 小车的行走速度   D. 输出电流和电压的调节范围

22. （   ）属于埋弧焊机控制系统的测试内容。

  A. 引弧操作性能   B. 焊丝的送进和校直

  C. 小车行走的平稳和均匀性   D. 输出电流和电压的调节范围

23.（　　）属于埋弧焊机小车性能的检测内容。

A. 各控制按钮的动作　　　　　　　B. 引弧操作性能

C. 焊丝送进速度　　　　　　　　　D. 驱动电动机和减速系统的运行状态

24.（　　）属于钨极氩弧焊机的调试内容。

A. 供气系统的完好性　　　　　　　B. 焊丝的校直

C. 小车的行走速度　　　　　　　　D. 钨极的直径

25. 焊接接头拉伸试样表面应（　　）。

A. 有划痕　　　　B. 硬化　　　　C. 过热　　　　D. 无横向刀痕

26.（　　）可以检验焊接接头拉伸面上的塑性和显示缺陷。

A. 小铁研试验　　B. 超声波探伤　　C. X 射线探伤　　D. 弯曲试验

27. 焊接接头夏比冲击试样的缺口按试验要求不能开在（　　）上。

A. 焊缝　　　　　B. 熔合线　　　　C. 热影响区　　　D. 母材

28. 斜 Y 型坡口对接裂纹试件中间的试验焊缝的道数（　　）。

A. 应根据板厚选择

B. 应根据焊条直径选择

C. 不论板厚多少，只焊一道

D. 不论板厚多少，只焊正反面两道

29. 将斜 Y 型坡口对接裂纹试件采用适当的方法着色后拉断或弯断，然后检测并进行计算的是（　　）。

A. 中心裂纹率　　B. 弧坑裂纹率　　C. 断面裂纹率　　D. 根部裂纹率

30. 白口铸铁中的碳几乎全部以渗碳体（Fe_3C）形式存在，性质（　　）。

A. 不软不韧　　　B. 又硬又韧　　　C. 不软不硬　　　D. 又硬又脆

31.（　　）不是灰铸铁具有的优点。

A. 成本低　　　　　　　　　　　　B. 吸振、耐磨、切削性能好

C. 铸造性能好　　　　　　　　　　D. 较高的硬度、塑性和韧性

32.（　　）中的碳以球状石墨存在，因此有较高的强度、塑性和韧性。

A. 可锻铸铁　　　B. 球墨铸铁　　　C. 白口铸铁　　　D. 灰铸铁

33. 灰铸铁焊接时，焊接接头容易产生（　　），是灰铸铁焊接性较差的原因。

A. 未熔合　　　　B. 夹渣　　　　　C. 塌陷　　　　　D. 裂纹

34. 灰铸铁焊补，当焊接接头存在白口铸铁组织时，裂纹倾向（　　）。

A. 降低　　　　　B. 大大降低　　　C. 不变　　　　　D. 加剧

35. 焊补铸铁时，采用加热减应区法的目的是为了（　　）。

A. 减小焊接应力，防止产生裂纹

B. 防止产生白口铸铁组织

C. 得到高强度的焊缝

D. 得到高塑性的焊缝

36. 焊条电弧焊热焊法焊接灰铸铁时，可得到（　　）焊缝。

    A. 铸铁组织   B. 钢组织

    C. 白口铸铁组织   D. 有色金属组织

37. 采用焊条电弧焊热焊法时，不能用（　　）的操作方法，焊补灰铸铁缺陷。

    A. 焊接电弧适当拉长   B. 焊后保温缓冷

    C. 粗焊条连续焊   D. 细焊条小电流

38. 坡口较大、工件受力大的灰铸铁电弧冷焊时，不能采用（　　）的焊接工艺方法。

    A. 多层焊   B. 栽螺钉焊法

    C. 合理安排焊接次序   D. 焊缝高出母材一块

39. 热处理强化铝合金不包括（　　）。

    A. 硬铝合金   B. 超硬铝合金   C. 锻铝合金   D. 铝镁合金

40. 非热处理强化铝合金不具备（　　）的性能。

    A. 强度中等   B. 焊接性较好

    C. 硬度高   D. 塑性和耐腐蚀性较好

41. 铝的热膨胀系数大，凝固收缩率大，因此焊接时（　　），容易产生热裂纹。

    A. 熔池含氢量高   B. 熔化时没有显著的颜色变化

    C. 高温强度低   D. 产生较大的焊接应力

42. 钨极氩弧焊采用直流反接时，不会（　　）。

    A. 提高电弧稳定性   B. 产生阴极破碎作用

    C. 使焊缝夹钨   D. 使钨极熔化

43. 钨极氩弧焊焊前检查阴极破碎作用时，熔化点周围呈乳白色，即（　　）。

    A. 有焊缝夹钨现象   B. 表明气流保护不好

    C. 说明电弧不稳定   D. 有阴极破碎作用

44. 黄铜的（　　）比紫铜差。

    A. 强度   B. 硬度   C. 耐腐蚀性   D. 导电性

45. 紫铜焊接时产生的裂纹为（　　）。

    A. 再热裂纹   B. 冷裂纹   C. 层状撕裂   D. 热裂纹

46. （　　）不是工业钛所具有的优点。

    A. 耐腐性   B. 硬度高   C. 焊接性好   D. 易于成型

47. 焊接钛及钛合金最容易出现的焊接缺陷是（　　）。

    A. 夹渣和热裂纹   B. 未熔合和未焊透

C. 烧穿和塌陷　　　　　　　　　D. 气孔和冷裂纹

48. 焊条电弧焊和（　　）均不能满足钛及钛合金焊接质量要求。

　　A. 等离子焊　　　　　　　　　B. 钎焊

　　C. 真空电子束焊　　　　　　　D. 气焊

49. 钛及钛合金焊接时，焊缝和热影响区呈（　　），表示保护效果最好。

　　A. 淡黄色　　　　B. 深蓝色　　　　C. 金紫色　　　　D. 银白色

50. 焊接珠光体钢和奥氏体不锈钢时，焊缝金属的成分和组织可以根据（　　）进行评估。

　　A. 碳当量公式计算　　　　　　　B. 铁碳平衡状态图

　　C. 斜 Y 型坡口对接裂纹试验　　　D. 舍夫勒不锈钢组织图

51. 焊接异种钢时，选择焊接方法的着眼点是应该减小熔合比，特别是要尽量减少（　　）的熔化量。

　　A. 焊接填充材料　　　　　　　　B. 奥氏体不锈钢和珠光体母材

　　C. 奥氏体不锈钢　　　　　　　　D. 珠光体钢

52. 焊接异种钢时，（　　）电弧搅拌作用强烈，形成的过渡层较均匀，但需注意限制线能量，控制熔合比。

　　A. 焊条电弧焊　　　　　　　　　B. 熔化极气体保护焊

　　C. 不熔化极气体保护焊　　　　　D. 埋弧焊

53. 生产中采用 E309－16 和 E309－15 焊条，焊接珠光体钢和奥氏体不锈钢时，熔合比控制在（　　），才能得到抗裂性能好的奥氏体＋铁素体焊缝组织。

　　A. 3％～7％　　B. 50％以下　　C. 2.11％以下　　D. 40％以下

54. 珠光体钢和奥氏体不锈钢采用 E309－15 焊条对接焊，操作时应该特别注意（　　）。

　　A. 减小热影响区的宽度　　　　　B. 减小焊缝的余高

　　C. 减小焊缝成形系数　　　　　　D. 减小珠光体的钢熔化量

55. 选用 25－13 型焊接材料进行珠光体钢和奥氏体不锈钢厚板对接焊时，可先在（　　）的方法，堆焊过渡层。

　　A. 奥氏体不锈钢的坡口上，采用单道焊

　　B. 奥氏体不锈钢的坡口上，采用多层多道焊

　　C. 珠光体钢的坡口上，采用单道焊

　　D. 珠光体钢的坡口上，采用多层多道焊

56. 不锈钢复合板的复层接触工作介质，保证耐腐蚀性，（　　）靠基层获得。

　　A. 硬度　　　　B. 塑性　　　　C. 韧性　　　　D. 强度

57. 由于铁水在重力作用下产生下垂，因此钢板对接仰焊时，极易（　　）。

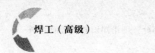

A. 在焊缝背面产生烧穿，焊缝正面产生下凹

B. 在焊缝正面产生烧穿，焊缝背面产生下凹

C. 在焊缝背面产生焊瘤，焊缝正面产生下凹

D. 在焊缝正面产生焊瘤，焊缝背面产生下凹

58. 采用单道焊进行骑坐式管板仰焊位盖面焊时，其优点主要是（　　）。

A. 不易产生咬边　　　　　　　　B. 不易产生未熔合

C. 焊缝表面不易下垂　　　　　　D. 外观平整、成型好

59. 光电跟踪气割机的设备虽然较复杂，由光电跟踪机构和自动气割机组成，但只要有（　　），就可以进行切割。

A. 轨道　　　　B. 样板　　　　C. 程序　　　　D. 图样

60.（　　）不是数控气割机的优点。

A. 省去放样、划线等工序　　　　B. 生产效率高

C. 切口质量好　　　　　　　　　D. 成本低、设备简单

61. 气割机的使用、维护、保养和检修必须由（　　）负责。

A. 气割工　　　　B. 专人　　　　C. 焊工　　　　D. 电工

62. 从环境温度来看，锅炉和部分压力容器（　　）工作。

A. 都在高温下工作

B. 在高温下工作，有的压力容器还在低温下

C. 都在低温下工作

D. 在高温下工作，有的压力容器还在常温下

63. 锅炉压力容器是生产和生活中广泛使用的、有（　　）危险的承压设备。

A. 火灾　　　　B. 断裂　　　　C. 塌陷　　　　D. 爆炸

64. 锅炉铭牌上标出的压力是指锅炉的（　　），又称额定工作压力。

A. 最高工作压力　　　　　　　　B. 设计工作压力

C. 最低工作压力　　　　　　　　D. 平均工作压力

65. 锅炉铭牌上标出的温度是指锅炉输出介质的最高工作温度，又称（　　）温度。

A. 计算　　　　B. 最低　　　　C. 额定　　　　D. 设计

66. 超高压容器的（　　）为 $P \geqslant 100$ MPa。

A. 工作压力　　B. 试验压力　　C. 计算压力　　D. 设计压力

67. 一般低压容器为《容规》适用范围的（　　）压力容器。

A. 第四类　　　　B. 第三类　　　　C. 第二类　　　　D. 第一类

68.（　　）接头受力较均匀，因此常用于筒体与封头等重要部件的连接。

A. 搭接　　　　B. 对接　　　　C. 十字　　　　D. 端接

69. 压力容器相邻的两筒节间的纵缝应错开，其焊缝中心线之间的外围弧长一般应大于（　　），且不小于 100 mm。

  A. 筒体厚度的 3 倍　　　　　　　B. 焊缝宽度的 3 倍

  C. 筒体厚度的 2 倍　　　　　　　D. 焊缝宽度的 2 倍

70. 压力容器同一部位的返修次数不宜超过两次，超过两次以上的返修，应经（　　）批准。

  A. 监理单位总监　　　　　　　　B. 设计单位总工程师

  C. 使用单位主管　　　　　　　　D. 制造单位技术总负责人

71. 由于焊接接头或接管泄漏而进行返修的，或返修深度（　　）壁厚的压力容器，还应重新进行压力试验。

  A. 等于 1/3　　　B. 大于 1/3　　　C. 等于 1/2　　　D. 大于 1/2

72. 铸铁焊条药皮类型多为石墨型，可防止产生（　　）。

  A. 氢气孔　　　　B. 氮气孔　　　　C. CO 气孔　　　D. 反应气孔

73. 焊接铝合金时，（　　）不是防止热裂纹的主要措施。

  A. 预热　　　　　　　　　　　　B. 采用小的焊接电流

  C. 合理选用焊丝　　　　　　　　D. 采用氩气保护

74. （　　）不是铝合金焊接时防止气孔的主要措施。

  A. 严格清理焊件和焊丝表面　　　B. 预热降低冷却速度

  C. 选用含 5% Si 的铝硅焊丝　　　D. 氩气纯度应大于 99.99%

75. 防止压力容器焊接时产生冷裂纹的措施中没有（　　）。

  A. 预热　　　　　B. 后热　　　　　C. 烘干焊条　　　D. 填满弧坑

76. 水压试验时，当压力达到试验压力后，要恒压一定时间，观察是否有落压现象，根据（　　），一般为 5～30 min。

  A. 压力容器材料　　　　　　　　B. 内部介质性质

  C. 环境温度　　　　　　　　　　D. 不同技术要求

77. 水压试验应在无损检测合格后进行，若需要作（　　）的容器，则应在热处理后进行。

  A. 成分分析　　　B. 矫正变形　　　C. 性能测试　　　D. 热处理

78. （　　）包括荧光探伤和着色探伤两种方法。

  A. 超声波探伤　　B. X 射线探伤　　C. 磁力探伤　　　D. 渗透探伤

79. 荧光探伤用来发现各种焊接接头的表面缺陷，常用于（　　）的检查。

  A. 大型压力容器　　　　　　　　B. 小型焊接结构

  C. 磁性材料工件　　　　　　　　D. 非磁性材料工件

80. 着色探伤是用来发现各种材料的焊接接头，特别是（　　）等的各种表面缺陷。

A. 16Mn 钢   B. Q235 钢

C. 耐热钢   D. 有色金属及其合金

二、判断题（第 81～100 题，将判断结果填入括号中。正确的填"√"，错误的填"×"，每题 1 分，满分 20 分。）

81. （　）在机械图中，物体的水平投影称为主视图。

82. （　）某些大比例施工图中，在图形中常采用三根线条表示管道和管件的外形。

83. （　）回火可以使钢在保持一定硬度的基础上提高韧性。

84. （　）碳素钢 Q235AF 中，字母"Q"代表屈服点，"235"代表钢的抗拉强度为 235 MPa。

85. （　）使用低合金结构钢，不仅大大地节约了材料，提高了硬度及耐磨性，同时也大大提高了产品质量和使用寿命。

86. （　）如果电流的方向和大小都不随时间变化，就是脉动直流电流。

87. （　）锰和硅的元素符号是"Mn"和"Ni"。

88. （　）焊接过程中有很多污染环境的有害因素，其中属于化学有害因素的是焊接弧光、高频电磁场、焊接烟尘及有害气体等。

89. （　）常采用砂轮打磨铝及铝合金坡口，以便彻底清除氧化膜。

90. （　）铝及铝合金的熔点低，所以焊前一律不预热。

91. （　）对气、电各程序的设置能否满足工艺需要是钨极氩弧焊机电源的调试内容。

92. （　）焊接接头拉伸试验国家标准适用于熔焊和压焊的任何接头。

93. （　）碳素钢、奥氏体钢单面焊，焊接接头弯曲角的合格标准为 180°。

94. （　）斜 Y 型坡口对接裂纹试验适用于碳素钢和低合金钢焊接接头的冷裂纹抗裂性能试验。

95. （　）斜 Y 型坡口对接裂纹试验的试样坡口形状均为斜 Y 型。

96. （　）斜 Y 型坡口对接裂纹试验规定，试件数量为：每种母材应取 3 件。

97. （　）气焊火焰钎焊灰铸铁时，可得到铸铁焊缝，易于切削加工。

98. （　）铝及铝合金的熔化极氩弧焊一律采用交流焊。

99. （　）珠光体钢和奥氏体不锈钢焊接时，容易出现的问题是，焊缝产生晶间腐蚀。

100. （　）在环焊缝的半熔化区产生带尾巴、形状似蝌蚪的气孔，这是高压容器环焊缝所特有的缺陷。

高级焊工理论知识考试模拟试卷（五）

一、单项选择题（第1～80题。选择一个正确的答案，将相应的字母填入题内的括号中。每题1分，满分80分。）

1. 职业道德的意义很深远，但是不包括（　　）。

A. 有利于推动社会主义精神文明建设

B. 有利于企业建设和发展

C. 有利于企业体制改革

D. 有利于个人的提高和发展

2. 一张完整的装配图不应有（　　）的内容。

A. 零件的全部尺寸　　　　　　　　B. 技术要求

C. 标题栏　　　　　　　　　　　　D. 明细表

3. 将金属加热到一定温度，并保持一定时间，然后以一定的冷却速度冷却到室温，这个过程称为（　　）。

A. 热处理　　　　B. 热加工　　　　C. 焊接　　　　D. 铸造

4. 将钢加热到A3以上或A1左右一定温度，保温后缓慢（一般随炉冷却）均匀冷却的热处理方法称为退火，它可以（　　）。

A. 提高钢的硬度、提高塑性　　　　B. 降低钢的硬度、提高塑性

C. 提高钢的硬度、降低塑性　　　　D. 降低钢的硬度、降低塑性

5. 根据GB/T 1591—1994规定，低合金高强度结构钢牌号由代表屈服点的字母（　　）、屈服点数值和质量等级符号三部分按顺序排列。

A. "Q"　　　　　B. "H"　　　　　C. "R"　　　　　D. "E"

6. 珠光体耐热钢是以铬、钼为基础的具有高温强度和抗氧化性的（　　）。

A. 优质碳素结构钢　　　　　　　　B. 高合金钢

C. 中合金钢　　　　　　　　　　　D. 低合金钢

7. 若直流电流表的量程不够用时，则应配用（　　）以扩大电流表的量程。

A. 整流器　　　B. 互感器　　　C. 分流器　　　D. 电抗器

8. 焊接烟尘的来源是由金属及非金属物质在（　　）条件下产生的高温蒸气经氧

化、冷凝而形成的。

    A. 过热   B. 封闭   C. 野外作业   D. 室内作业

9. 手持式、头戴式面罩适于各种焊接作业，（　　）防护面罩特别适于钨极氩弧焊和高空焊接作业。

    A. 头戴式   B. 手持式

    C. 输气式头盔   D. 封闭隔离式送风头盔

10. 焊工穿工作服时，（　　）是正确的。

    A. 上衣系在工作裤里边   B. 工作服有破损、孔洞和缝隙

    C. 穿着潮湿的工作服   D. 袖子和衣领扣没扣好

11. 机床床面、汽缸加工面焊补时，应选用（　　）冷焊铸铁焊条。

    A. EZNi−1   B. EZC   C. EZV   D. EZFe−2

12. （　　）是通用焊丝，可以用来焊接除铝镁合金以外的铝合金。

    A. HS311   B. HS301   C. HS321   D. HS331

13. （　　）不是有色金属熔剂的作用。

    A. 清除焊件表面的氧化物   B. 对熔池金属起到一定保护作用

    C. 改善液体的流动性   D. 脱硫脱磷

14. 由于（　　）的导热性非常好，焊前常需要预热到 300～700℃。

    A. 不锈钢   B. 耐热钢   C. 铁及铁合金   D. 铜及铜合金

15. （　　）的焊接属于异种金属的焊接。

    A. 20 号钢与低碳钢   B. 不锈钢复合板

    C. 1Cr18Ni9 钢与 18−8 不锈钢   D. 16Mn 钢与 Q345 钢

16. （　　）不是埋弧焊机控制系统的调试内容。

    A. 送丝速度   B. 引弧操作

    C. 电源参数测试   D. 小车行走速度

17. （　　）不是埋弧焊机小车性能的检测内容。

    A. 驱动电动机的运行状态   B. 小车行走速度

    C. 减速系统的运行状态   D. 小车行走的平稳和均匀性

18. （　　）不是钨极氩弧焊机控制系统的调试内容。

    A. 输入电压改变时，输出电流的变化

    B. 焊枪的发热情况

    C. 脉冲参数的测试和调节

    D. 提前送气、滞后停气程序

19. 焊接接头拉伸面上的塑性可以通过（　　）来检验。

    A. 硬度试验   B. 冲击试验   C. 弯曲试验   D. 金相试验

20. 焊接接头的（　　）按试样受拉面在焊缝中的位置可分为正弯、背弯和侧弯。

　　A. 弯曲试样　　　B. 冲击试样　　　C. 硬度试样　　　D. 金相试样

21. 背弯试样是指（　　）的弯曲试样。

　　A. 受拉面为焊缝背面　　　　　　　B. 受拉面为焊缝正面

　　C. 受拉面为焊缝纵剖面　　　　　　D. 受拉面为焊缝横剖面

22. 焊接接头弯曲试样应采用（　　）的方法制备。

　　A. 等离子切割　　　　　　　　　　B. 机械加工或磨削

　　C. 氧液化石油气切割　　　　　　　D. 氧乙炔切割

23. 弯曲试验的正弯试样应不少于（　　）。

　　A. 1个　　　　　B. 2个　　　　　C. 3个　　　　　D. 4个

24. JB4708—2000 规定弯曲试验时，碳素钢、奥氏体钢单面焊焊接接头弯曲角的合格标准为（　　）。

　　A. 90°　　　　　B. 100°　　　　　C. 120°　　　　　D. 180°

25. 焊接接头（　　）试验是用以测定焊接接头各区域的冲击吸收功。

　　A. 弯曲　　　　　B. 夏比冲击　　　C. 拉伸　　　　　D. 疲劳

26. 夏比冲击试验用焊接接头冲击试样带有（　　）缺口。

　　A. X形　　　　　B. V形　　　　　C. Y形　　　　　D. I形

27. 焊接接头冲击试样的数量，按缺口所在位置各自不少于（　　）。

　　A. 1个　　　　　B. 2个　　　　　C. 3个　　　　　D. 4个

28. 每个部位的 3 个试样，冲击功的（　　）不应低于母材标准规定的最低值，是常温冲击试验的合格标准。

　　A. 最低值　　　　B. 算术平均值　　C. 最高值　　　　D. 中间值

29. （　　）中的碳以片状石墨的形式分布于金属基体中。

　　A. 高碳钢　　　　B. 中碳钢　　　　C. 灰铸铁　　　　D. 可锻铸铁

30. 具有成本低、铸造性能好、容易切割加工、吸振、耐磨等优点，因而应用广泛的是（　　）。

　　A. 灰铸铁　　　　　　　　　　　　B. 奥氏体不锈钢

　　C. 耐热钢　　　　　　　　　　　　D. 紫铜

31. 铸铁焊接裂纹一般为（　　），产生部位为焊缝和热影响区。

　　A. 热裂纹　　　　B. 冷裂纹　　　　C. 再热裂纹　　　D. 层状撕裂

32. 焊条电弧焊热焊法焊接灰铸铁时，一般不用于焊补（　　）铸件。

　　A. 焊后需要加工的　　　　　　　　B. 要求颜色一致的

　　C. 有巨大缺陷的大型　　　　　　　D. 焊补处刚性较大易产生裂纹的

33. 焊条电弧焊热焊法焊补缺陷较小的灰铸铁时，操作方法应（　　）。

A. 断续焊补   B. 连续焊补

C. 采用小直径焊条   D. 适当缩短焊接电弧

34. 电弧冷焊灰铸铁具有（   ）的特点的说法是错误的。

     A. 半熔化区不易形成白口铸铁组织

     B. 半熔化区极易形成白口铸铁组织

     C. 焊缝和热影响区的冷却速度大

     D. 焊接接头加工困难

35. 火焰钎焊灰铸铁的特点是（   ）。

     A. 焊缝高出母材一块   B. 母材不熔化

     C. 焊缝可得到灰铸铁组织   D. 接头易产生白口铸铁组织

36. （   ）不是细丝 CO_2 气体保护焊焊补灰铸铁的特点。

     A. 有利于减少半熔化区白口铸铁组织

     B. 热影响区窄

     C. 有利于减少裂纹

     D. 可得到铸铁焊缝组织

37. 由于手工电渣焊具有（   ）的特点，因此焊补铸铁时能获得加工性能好、与母材性能、颜色一致的焊缝。

     A. 热源温度较高   B. 气体保护效果好

     C. 渣池有强氧化性   D. 加热冷却缓慢

38. 由于球化剂具有阻碍石墨化作用，因此球墨铸铁焊接时产生白口铸铁组织的倾向（   ）。

     A. 与灰铸铁相同   B. 比灰铸铁小

     C. 比灰铸铁小得多   D. 比灰铸铁大

39. 防锈铝合金是铝锰系和（   ）系组成的变形铝合金。

     A. 铝铜   B. 铝硅   C. 铝镁   D. 铝铜镁

40. （   ）是铝及铝合金焊接时导致塌陷的原因之一。

     A. 熔化时没有显著的颜色变化   B. 表面氧化膜多

     C. 凝固收缩率大   D. 焊接应力大

41. 铝及铝合金目前常用的焊接方法不是（   ）。

     A. 气焊   B. 埋弧焊   C. 钨极氩弧焊   D. 熔化极氩弧焊

42. （   ）是黄铜的性能。

     A. 极好的导电性、导热性   B. 能承受冷热加工

     C. 良好的低温性能   D. 良好的耐磨性

43. （   ）是青铜的性能。

A. 良好的铸造性能　　　　　　　　B. 极好的导热性

C. 良好的低温性能　　　　　　　　D. 极好的导电性

44. 下列牌号中（　　）是紫铜。

　　A. H62　　　　　　　　　　　　B. T4

　　C. QSn6.5－0.4　　　　　　　　D. B10

45. 紫铜焊接时，不容易产生（　　）。

　　A. 热裂纹　　　B. 冷裂纹　　　C. 气孔　　　D. 难熔合

46. 紫铜焊接时，产生难熔合易变形的原因不是由于紫铜的（　　）。

　　A. 线膨胀系数较大　　　　　　　B. 自应系数大

　　C. 收缩率较大　　　　　　　　　D. 导热系数大

47. 紫铜气焊时，要求采用（　　）。

　　A. 中性焰　　　　　　　　　　　B. 碳化焰

　　C. 氧化焰　　　　　　　　　　　D. 弱氧化焰或碳化焰

48. 为了防止锌的蒸发，气焊黄铜时应使用（　　）。

　　A. 中性焰　　　B. 弱氧化焰　　　C. 碳化焰　　　D. 强氧化焰

49. 钛及钛合金焊接时，能保证焊接质量的方法是（　　）。

　　A. 气焊　　　B. 钨极氩弧焊　　　C. 焊条电弧焊　　　D. 埋弧焊

50. 钛及钛合金焊接时，一级焊缝和热影响区呈银白色表示保护效果最好，但是（　　）色也是允许的。

　　A. 金紫　　　　B. 深蓝　　　　C. 淡黄　　　　D. 深黄

51. 珠光体钢和奥氏体不锈钢焊接时容易出现的主要问题不是（　　）。

　　A. 焊缝金属的稀释　　　　　　　B. 产生 CO 气孔

　　C. 扩散层的形成　　　　　　　　D. 过渡层的形成

52. 1Cr18Ni9 不锈钢和 Q235 低碳钢焊接，如两种母材熔化量相同，不加填充材料时，使得焊缝得到（　　）。

　　A. 珠光体组织　　B. 马氏体组织　　C. 铁素体组织　　D. 奥氏体组织

53. 珠光体钢和奥氏体不锈钢的线膨胀系数和热导率不同，焊接接头中会（　　）。

　　A. 产生较大的热应力　　　　　　B. 产生刃状腐蚀

　　C. 引起接头不等强　　　　　　　D. 降低接头高温持久强度

54. 生产中广泛采用 E309－16 和 E309－15 焊条，焊接珠光体钢和奥氏体不锈钢，目的是为了得到（　　）的奥氏体＋铁素体的焊缝组织。

　　A. 强度高　　　B. 抗裂性能好　　　C. 冲击韧性高　　　D. 耐腐蚀性好

55. 采用 E309－15 焊条进行珠光体钢和奥氏体不锈钢对接焊时，应该采用（　　）。

　　A. 单道焊　　　　　　　　　　　B. 大电流

C. 多层多道快速焊　　　　　　　　　D. 粗焊条

56. 钢板对接仰焊时，铁水在重力下产生下垂，因此极易在焊缝正面产生（　　），焊缝背面产生下凹。

A. 未焊透　　　　B. 焊瘤　　　　C. 塌陷　　　　D. 烧穿

57. 骑坐式管板仰焊位盖面焊采用多道焊时不具备（　　）的特点。

A. 可有效防止产生未熔合　　　　　　B. 可有效防止产生咬边

C. 表面美观　　　　　　　　　　　　D. 熔池小

58. 仿形气割机是（　　）进行切割的。

A. 根据图样　　　　　　　　　　　　B. 按照给定的程序

C. 利用磁力靠模原理　　　　　　　　D. 沿着轨道行走

59. 根据图样进行切割的气割机是（　　）。

A. 专用气割机　　　　　　　　　　　B. 光电跟踪气割机

C. 仿形气割机　　　　　　　　　　　D. 数控气割机

60. 数控气割机不具备（　　）的优点。

A. 焊工劳动强度大大降低　　　　　　B. 切口质量好

C. 设备简单成本低　　　　　　　　　D. 生产效率高

61. 受力状态不好，一般很少应用的是（　　）。

A. 球形容器　　　B. 锥形容器　　　C. 圆筒形容器　　　D. 椭圆形容器

62. 在压力容器中，封头与筒体连接时广泛采用球形或（　　）。

A. 锥形封头　　　B. 平盖封头　　　C. 椭圆形封头　　　D. 方形封头

63. 用于焊接压力容器主要受压元件的（　　），其碳的质量分数不应大于 0.25%。

A. 铝及铝合金　　　　　　　　　　　B. 奥氏体不锈钢

C. 铜及铜合金　　　　　　　　　　　D. 碳素钢和低合金钢

64. 用于焊接压力容器主要受压元件的钢材，如果碳的质量分数超过 0.25%，应限定碳当量不大于（　　）。

A. 0.25%　　　B. 0.40%　　　C. 0.45%　　　D. 0.50%

65. 压力容器（　　），对受压元件之间的对接焊接接头和要求全焊透的 T 形接头等，都应进行焊接工艺评定。

A. 设计前　　　B. 设计过程中　　　C. 施焊前　　　D. 施焊过程中

66. 压力容器相邻的两筒节间的纵缝应错开，其焊缝中心线之间的外圆弧长一般应大于筒体厚度的（　　）且不小于 100 mm。

A. 1 倍　　　B. 2 倍　　　C. 3 倍　　　D. 4 倍

67. 压力容器临时吊耳和拉筋的垫板割除后留下的焊疤（　　）。

A. 必须打磨平滑　　　　　　　　　　B. 必须气割干净

C. 可以不进行打磨　　　　　　　　D. 可以进行打磨

68. 在压力容器焊接接头的表面质量中，（　　）缺陷是根据压力容器的具体情况而要求的。

A. 未焊透　　　　　　　　　　　　B. 表面气孔

C. 咬边　　　　　　　　　　　　　D. 肉眼可见的夹渣

69. 压力容器同一部位的返修次数不宜超过两次，超过两次以上的返修，应经（　　）批准。

A. 监理单位总监　　　　　　　　　B. 设计单位总工程师

C. 使用单位主管　　　　　　　　　D. 制造单位技术总负责人

70. 为了便于装配和避免焊缝汇交于一点，应在梁的横向肋极上切去一个角，角边高度为焊脚高度的（　　）倍。

A. 1～1.5　　　　B. 1～2　　　　C. 2～3　　　　D. 3～4

71. 铸铁焊接时，焊缝中产生的气孔主要为（　　）和氢气孔。

A. CO 气孔　　B. CO_2 气孔　　C. 反应气孔　　D. 氮气孔

72. 铸铁焊条药皮类型多为石墨型，可防止产生（　　）。

A. 氢气孔　　　　B. 氮气孔　　　　C. CO 气孔　　　　D. 反应气孔

73. 铜及铜合金焊接时，为了防止产生热裂纹，采取的措施有（　　）等。

A. 焊丝中加入脱氧元素　　　　　　B. 气焊时加大火焰能率

C. 用弱氧化焰气焊　　　　　　　　D. 严格清理焊件和焊丝表面

74. 压力容器焊接时，（　　）不是防止冷裂纹的措施。

A. 烘干焊条

B. 采用大线能量焊接

C. 焊前预热

D. 严格清理焊件和焊丝表面的油、水、锈等

75. 在环焊缝的半熔化区产生带尾巴、形状似蝌蚪的气孔，这是（　　）环焊缝所特有的缺陷。

A. 多层高压容器　　　　　　　　　B. 超高压容器

C. 高压容器　　　　　　　　　　　D. 中压容器

76. 水压试验用来对锅炉压力容器和管道进行（　　）。

A. 内部缺陷和强度检验　　　　　　B. 整体严密性和强度检验

C. 表面缺陷和韧性检验　　　　　　D. 整体严密性和塑性检验

77. 压力容器和管道水压试验用的水温，低碳钢和 16MnR 钢不低于 5℃，其他低合金钢不低于（　　）。

A. 5℃　　　　　　B. 10℃　　　　　　C. 15℃　　　　　　D. 20℃

78. 压力容器和管道水压试验的试验压力一般为工作压力的（　　）倍。

    A. 1.25～1.5　　　B. 1.5～2　　　　C. 2～3　　　　　D. 3～4

79. 压力容器和管道水压试验时，当压力达到试验压力后，要恒压一定时间，观察是否有落压现象，根据不同技术要求，一般为（　　）。

    A. 30～60 min　　B. 5～30 min　　C. 60～120 min　D. 24 h

80. 压力容器和管道水压试验应在（　　）进行。

    A. 无损检测前　　　　　　　　　　　B. 无损检测合格后

    C. 热处理前　　　　　　　　　　　　D. 外观检查合格后

二、判断题（第81～100题，每题1分，共20分。）

81. （　　）职业道德首先要从爱岗敬业、忠于职守的职业行为规范开始。

82. （　　）当零件图中尺寸数字前面有符号 ϕ 时，表示数字是直径的尺寸。

83. （　　）将钢加热到 A1 以下，一般为 600～650℃，保温一段时间后，然后在空气中或炉中缓慢冷却，以消除残余应力的热处理工艺，称为消除应力退火。

84. （　　）根据 GB/T 221—2000 规定，含金结构钢牌号采用阿拉伯数字和合金元素符号表示。

85. （　　）使用低合金结构钢，不仅大大地节约了钢材，减轻了重量，同时也大大提高了产品质量和使用寿命。

86. （　　）把交流电经过整流转换为直流电，这种转换称为整流。

87. （　　）Ti 是钛的元素符号，Nb 是铌的元素符号。

88. （　　）紫外线对眼睛的伤害程度与照射时间成正比，与电弧至眼睛的距离平方成反比；眼距离电弧 1 m 以内，如无防护，经十几秒甚至几秒的紫外线照射，就可能产生电光性眼炎。

89. （　　）焊接前焊工应对所使用的角向磨光机进行安全检查，要检查砂轮转动是否正常，有没有漏电的现象，砂轮片是否已经紧固牢固，是否有裂纹、破损等。

90. （　　）使用行灯照明时，其电压不应超过 36 V。

91. （　　）要求焊缝可加工，其硬度、强度及颜色与母材基本相同时，可选用灰铸铁焊丝。

92. （　　）异种金属的焊接材料一般都是根据异种金属的种类，应用舍夫勒组织图来确定。

93. （　　）铝及铝合金坡口采用化学法清洗，效率高，质量稳定。

94. （　　）由于异种金属之间性能差别很大，所以焊接异种金属比焊接同种金属困难得多。

95.（　　）异种金属焊接时，确定坡口角度的主要依据除母材厚度之外，还有母材在焊缝中的熔合比，原则上希望熔合比越小越好。

96.（　　）供气系统和焊剂的铺撒和回收也是钨极氩弧焊机的调试内容。

97.（　　）钨极氩弧焊机电源参数的调试包括恒流特性，电流、电压的调节范围，电弧稳定性，引弧性能和交流氩弧焊电源的阴极雾化作用的测试等。

98.（　　）焊接异种钢时，选择焊接方法的着眼点是应该尽量减小熔合比，特别是要尽量减少珠光体钢的熔化量。

99.（　　）焊接梁和柱时，极易在焊后产生弯曲变形、角变形和扭曲变形。

100.（　　）锅炉的出力、压力和温度是锅炉在工作时的基本特性数据。

高级焊工理论知识考试模拟试卷答案（一）

一、单项选择题（第1—80题）

1. D	2. D	3. D	4. D	5. D	6. C	7. D	8. D
9. A	10. D	11. D	12. D	13. A	14. A	15. B	16. D
17. C	18. D	19. D	20. D	21. A	22. D	23. B	24. C
25. B	26. D	27. A	28. D	29. A	30. D	31. D	32. D
33. D	34. D	35. D	36. D	37. B	38. A	39. D	40. D
41. B	42. D	43. D	44. D	45. A	46. D	47. D	48. D
49. B	50. D	51. D	52. D	53. D	54. D	55. D	56. D
57. D	58. D	59. D	60. D	61. D	62. D	63. D	64. D
65. D	66. D	67. D	68. D	69. D	70. D	71. D	72. D
73. D	74. D	75. D	76. C	77. D	78. D	79. D	80. D

二、判断题（第81—100题）

81. ×	82. ×	83. ×	84. √	85. ×	86. ×	87. ×	88. ×
89. ×	90. ×	91. √	92. ×	93. √	94. ×	95. ×	96. ×
97. ×	98. ×	99. ×	100. √				

高级焊工理论知识考试模拟试卷答案（二）

一、单项选择题（第1－80题）

1. D	2. D	3. D	4. D	5. D	6. D	7. D	8. D
9. D	10. A	11. C	12. A	13. B	14. A	15. B	16. B
17. C	18. D	19. D	20. D	21. D	22. D	23. A	24. D
25. C	26. B	27. A	28. C	29. D	30. A	31. D	32. D
33. D	34. D	35. D	36. D	37. C	38. A	39. D	40. D
41. B	42. D	43. C	44. D	45. D	46. D	47. A	48. D
49. D	50. D	51. D	52. D	53. C	54. D	55. D	56. D
57. D	58. D	59. D	60. D	61. D	62. D	63. D	64. D
65. D	66. D	67. B	68. D	69. D	70. D	71. D	72. D
73. D	74. D	75. D	76. D	77. D	78. C	79. D	80. D

二、判断题（第81－100题）

81. ×	82. ×	83. √	84. ×	85. ×	86. ×	87. ×	88. ×
89. ×	90. √	91. √	92. √	93. √	94. ×	95. ×	96. ×
97. ×	98. ×	99. ×	100. ×				

高级焊工理论知识考试模拟试卷答案（三）

一、单项选择题（第1—80题）

1. B	2. D	3. D	4. C	5. C	6. C	7. C	8. D
9. A	10. D	11. D	12. D	13. D	14. A	15. C	16. D
17. B	18. C	19. D	20. C	21. A	22. B	23. A	24. C
25. B	26. A	27. B	28. C	29. B	30. D	31. C	32. A
33. C	34. C	35. A	36. B	37. D	38. C	39. A	40. D
41. B	42. C	43. C	44. D	45. C	46. C	47. A	48. A
49. D	50. A	51. B	52. A	53. C	54. A	55. B	56. A
57. C	58. A	59. B	60. B	61. C	62. D	63. C	64. D
65. D	66. B	67. A	68. D	69. B	70. C	71. B	72. A
73. C	74. D	75. B	76. A	77. C	78. D	79. B	80. B

二、判断题（第81—100题）

81. √	82. √	83. ×	84. √	85. √	86. ×	87. √	88. ×
89. ×	90. ×	91. √	92. ×	93. √	94. √	95. ×	96. ×
97. ×	98. ×	99. ×	100. √				

高级焊工理论知识考试模拟试卷答案（四）

一、单项选择题（第1—80题）

1. D	2. C	3. D	4. D	5. D	6. D	7. D	8. D
9. C	10. D	11. D	12. A	13. B	14. B	15. A	16. D
17. A	18. D	19. B	20. D	21. D	22. C	23. D	24. A
25. D	26. D	27. D	28. C	29. D	30. D	31. D	32. B
33. D	34. D	35. A	36. A	37. D	38. D	39. D	40. C
41. D	42. A	43. D	44. D	45. D	46. B	47. D	48. D
49. D	50. D	51. D	52. D	53. D	54. D	55. D	56. D
57. D	58. D	59. D	60. D	61. B	62. B	63. D	64. B
65. C	66. A	67. D	68. B	69. A	70. D	71. D	72. C
73. D	74. C	75. D	76. D	77. D	78. D	79. D	80. D

二、判断题（第81—100题）

81. ×	82. ×	83. √	84. ×	85. ×	86. ×	87. ×	88. ×
89. ×	90. ×	91. ×	92. ×	93. ×	94. √	95. ×	96. ×
97. √	98. ×	99. ×	100. ×				

高级焊工理论知识考试模拟试卷答案（五）

一、单项选择题（第1—80题）

1. C	2. A	3. A	4. B	5. A	6. D	7. C	8. A
9. A	10. A	11. A	12. A	13. D	14. D	15. B	16. D
17. C	18. B	19. C	20. A	21. A	22. B	23. A	24. D
25. B	26. B	27. C	28. B	29. C	30. A	31. B	32. C
33. B	34. A	35. B	36. D	37. D	38. D	39. C	40. A
41. B	42. B	43. A	44. B	45. B	46. B	47. A	48. B
49. B	50. C	51. B	52. B	53. A	54. B	55. C	56. B
57. C	58. C	59. B	60. C	61. B	62. C	63. D	64. C
65. C	66. C	67. A	68. C	69. D	70. C	71. A	72. C
73. A	74. B	75. A	76. B	77. C	78. A	79. B	80. B

二、判断题（第81—100题）

81. √	82. √	83. √	84. √	85. √	86. √	87. √	88. √
89. √	90. √	91. √	92. ×	93. √	94. √	95. √	96. ×
97. √	98. √	99. √	100. √				